海岸绿色生态堤防研究与实践

戴志军 葛振鸣 著

U0228209

科学出版社

北 京

内 容 简 介

本书首先系统阐述了海岸绿色生态堤防理念的产生，及其概念、特征、类型，并列举国内外海岸绿色生态堤防典型实例。进而以我国最大的河口冲积岛——崇明岛为例，基于河口海岸动力学、动力地貌学、湿地生态学、工程管理学等交叉学科，多方位系统介绍了崇明岛台风/风暴潮历史、海岸潮滩冲淤过程、环岛滨海盐沼植被群落格局及消浪护岸能力，评估了自然盐沼系统的防御能力，提出了未来建设绿色生态堤防的可行性方案和管理策略。本书丰富了河口海岸动力地貌学体系，提出了海岸绿色生态堤防仍具有较大不确定性，需因地制宜，兼顾生态、经济与社会效益。

本书可供海洋科学、环境科学、生态学、地理学、海岸工程学及相关领域的科研人员、管理人员阅读参考。

图书在版编目（CIP）数据

海岸绿色生态堤防研究与实践/戴志军，葛振鸣著.—北京：科学出版社，2022.12

ISBN 978-7-03-073661-1

Ⅰ. ①海… Ⅱ.①戴… ②葛… Ⅲ. ①海岸–堤防–生态环境建设–研究–中国 Ⅳ.①X145

中国版本图书馆 CIP 数据核字(2022)第 205139 号

责任编辑：王海光　刘新新 / 责任校对：郑金红
责任印制：吴兆东 / 封面设计：图阅盛世

科学出版社 出版
北京东黄城根北街 16 号
邮政编码：100717
http://www.sciencep.com

北京建宏印刷有限公司 印刷
科学出版社发行　各地新华书店经销

*

2022 年 12 月第 一 版　开本：720×1000　1/16
2023 年 9 月第二次印刷　印张：11
字数：222 000
定价：**158.00** 元
(如有印装质量问题，我社负责调换)

作者简介

戴志军　1973 年出生，华东师范大学教授，博士生导师。主要从事河口海岸动力-沉积-地貌-生态耦合与绿色活力海岸研究。2003 年毕业于中山大学获博士学位，曾在代尔夫特理工大学（Delft University of Technology）、波士顿大学（Boston University）做访问学者。入选教育部"新世纪优秀人才支持计划"，获中国自然资源学会优秀科技奖、上海市自然科学奖一等奖等奖项 4 项。目前任 SCI 期刊 *Geomorphology*、*Ocean & Coastal Management*、*Frontiers of Earth Science* 等的副主编或编委，兼任国家重大人才计划评议专家、国家自然科学基金会评专家等。主持国家自然科学基金（含重点项目、联合基金重点支持项目）7 项，国家重点研发计划"政府间国际科技创新合作"重点专项 1 项。以第一作者或通讯作者发表论文 140 余篇，主编专著 3 部，其中英文著作 1 部，专利 10 项。主要研究成果包括：①发现砂质海岸地貌平衡与稳定性机理，提出判定岸线变化趋势的分形准则；②揭示潮滩自组织行为，提出工程影响的岸线淤涨极限；③阐明复杂环境的盐沼/红树林海岸变化过程，揭示陆海应力胁迫的生物海岸冲淤状态；④揭示长江分汊型河口近期动力地貌变化规律，提出河口未来变化格局。相关成果应用于国内外 29 处港口岸线、岸滩修复及岸线预测与安全保障，并产生实际效益。

葛振鸣 1979 年出生，华东师范大学教授，博士生导师，主要从事湿地生态学和气候变化等方面研究。2007 年博士毕业于华东师范大学，曾在东芬兰大学（University of Eastern Finland）从事博士后研究并担任高级研究员，在代尔夫特理工大学（Delft University of Technology）做访问学者，入选上海市"浦江人才计划"A 类。主持或参与国家自然科学基金、国家重点研发计划、973 计划气候变化专项等科研项目 20 余项。以第一作者或通讯作者在 *Global Change Biology*、*Global Ecology and Biogeography*、*Science of the Total Environment*、*Journal of Geophysical Research* 等国际重要期刊发表论文 60 余篇，主编专著 2 部。主要研究成果包括：阐明河口滨海湿地"生物-水沙-地貌"过程相互作用机制，构建湿地群落动态理论驱动模式，提出人类活动对河口滨海湿地蓝碳过程影响的时空变异机制，研发的滨海盐沼湿地生态修复技术应用于上海市重大生态工程。

序

海岸带是全球人类活动和经济发展的聚集区。我国沿海 11 个省（自治区、直辖市）以全国 13.5%的面积承载了超过 40%的人口和近 60%的国内生产总值。然而，海岸带也是全球气候变化的高度敏感区和脆弱区。随着海平面加速上升和极端海洋气候事件频发，风暴潮、滨海城市洪涝、海水入侵、海岸侵蚀等灾害日益加剧，对海岸带自然生态环境和人类经济社会发展产生了严重影响。

我国拥有超过 1.8 万千米的大陆海岸线，海堤、海塘、护岸、丁坝、离岸坝等海岸工程在海岸带防护和防灾减灾方面发挥着重要作用。传统的海岸堤防主要是以钢筋、水泥、石体为主体材料的硬质结构工程。随着全社会对生态环境的重视，海岸硬质的"灰色堤防"局限性也随之凸显。例如，造价过高使得社会经济负担高，不具有持续性；未来海平面上升、风暴潮与波浪强度的变化难以准确预测，使得硬质工程设计较为困难；海堤建设在一定程度上改变了海岸地形地貌，进而引发水动力条件、海床冲淤演变规律，以及生态系统结构的变化；海堤硬质界面对滨海动植物群落生存、生物多样性和生态缓冲带同样会造成不利影响。

对于解决"灰色堤防"的各种问题，国际上提出了"绿色生态堤防"的概念，即将传统海岸工程与滨海湿地、生物礁和海岸沙丘等自然生态系统相结合，践行海岸带防灾减灾与生态保护协同增效理念。荷兰、美国、德国、日本和澳大利亚等国已开展了相关研究和实践，取得了不少成功经验。我国在《全国海堤建设方案》中提出"注重沿海地区生态环境保护，既要充分考虑防台风风暴潮的需要，也要充分考虑海岸资源综合开发和海岸环境保护的要求，使海堤工程与沿海生态保护相协调"；《中国海平面公报》提出"生态海堤一般由离岸堤、岸滩植被和海堤三部分组成"。因此，发展具有我国特色的绿色生态堤防研究，研发可操作性高的生态海堤建设技术，提出可持续的海岸带管理策略是目前亟待开展的工作。

长江三角洲地处长江流域经济带及东部沿海经济带主轴线，是我国经济最为发达的地区。该书以我国最大的河口冲积岛——长江口崇明岛为例，界定了海岸绿色生态堤防的基本概念，基于海岸带水文泥沙动力学、河口地貌学、湿地生态学和工程管理学等交叉学科，追溯了崇明岛台风/风暴潮历史、海岸带潮滩冲淤过程、滨海盐沼植被群落格局，研究了崇明岛海岸绿色生态堤防的基本特征、生态功能及应用潜力，评估了海岸潮滩自然生态系统应对风暴潮的防御能力。进而提出未来优化崇明岛海岸绿色堤防的可操作方案和管理策略。

　　该书系统论述了海岸绿色生态堤防的基本原理、滩涂海浪防护效果、堤防体系优化设计等创新性内容，极大丰富了我国河口海岸动力地貌与生态安全领域的研究成果，能够很好地服务于我国海岸带生态屏障构建、滨海湿地修复和碳中和发展战略。

李华军

中国工程院院士

中国海洋大学教授

2022 年 3 月 18 日

前　言

　　全球 60%的大城市位于河口三角洲，这里聚居着全球 70%的人口，是世界经济、文化发展的核心地区。然而，人类活动、海平面上升与日趋频繁的风暴潮已导致世界大河三角洲滩涂发生明显侵蚀，沿海自然灾害强度与频次加剧，直接威胁三角洲地区城市安全，对社会经济产生不利影响。因此，当前三角洲蚀退及风暴潮等影响导致的河口城市可持续发展问题已成为社会普遍关注的焦点，2015 年国际科学理事会启动的"可持续三角洲 2015"（Sustainable Delta 2015）计划，尤其展现出全球对三角洲城市防控极端洪险及其可持续发展的高度重视。

　　自 20 世纪起，全球出现近 3000 次风暴潮，造成沿海约 120 万人死亡及 3800亿美元的经济损失。河口滩涂消减波能与降低风暴潮增水效果可达 20%~60%，全球 25%~50%的河口滩涂损失无疑又放大和加剧了风暴潮对三角洲地区的破坏能力。如 2005 年"卡特里娜"飓风重创美国新奥尔良市，洪涝范围几乎与英国面积相当，1800 人被夺去生命，其主要原因是新奥尔良市大片滩涂湿地受损，同时防浪堤的设计标准被过高估计。已开发一百多年的美国密西西比河三角洲在城市减灾防灾与应对飓风风暴潮等领域形成的先进成熟技术与策略明显高于世界其他各国，尚且出现上述严重洪涝灾险，我国三角洲城市特别是上海如出现相似之灾，后果难以设想。近期联合国政府间气候变化专门委员会（Intergovernmental Panel on Climate Change，IPCC）第六次气候报告（2021）着重强调：在未来几十年里，沿海地区海平面将持续上升，将导致沿海低洼地区发生更频繁和更严重的洪水。无疑，这将给我国最大的三角洲巨型城市——上海带来严峻挑战，急需行之有效的堤防策略以防患于未然。

　　历经两千年之久的传统海岸堤防似乎在当前及未来的台风风暴潮中力有未逮。21 世纪以来基于自然的生态防御理念应运而生，相应的生态防御措施不仅可以在很大程度替代传统堤防，而且可提升海岸生态系统服务效益，故生态防御洪灾的理念及措施在全球沿海各国迅速发展。然而，目前国内外尚没有清晰的海岸绿色生态堤防概念，也没有完整的海岸绿色生态堤防功能诠释。现有已开展或正在实施的海岸绿色生态堤防配准的实践效益仍有待检验，我国海岸绿色生态堤防亦处于起步或模仿阶段。上海的滩涂保护、修复及堤防理论、技术与管理明显高于沿海其他城市，正处于传统堤防与绿色生态堤防的抉择中。本书以全国最大的生态岛崇明岛作为实践案例，探讨海岸绿色生态堤防的概念、特征及类型，尝试提出绿色生态堤防的新构想，希望能对我国及国外海岸绿色生态堤防配准起到一定的启示作用。

本书分为七章，第一、二章由戴志军、葛振鸣、张玮撰写；第三、四章由戴志军、葛振鸣、胡梦瑶、何钰滢及马彬彬撰写；第五章由葛振鸣、戴志军、张玮及马烨贝撰写；第六章由戴志军撰写；第七章由戴志军、葛振鸣、张玮撰写。本书相关研究得到国家重点研发计划政府间国际科技创新合作重点专项（2018YFE0109900）、国家自然科学基金项目（U2040202、U2040204、42076174）及上海市国际科技合作基金项目（19230712400）的资助。此外，承蒙中国海洋大学李华军院士为本书作序，张玮、黄祖明及楼亚颖等同志协助绘制了全书图件，黄祖明对全书进行编排，科学出版社王海光博士亲力精心编辑，在此表示最诚挚的谢意。

由于作者对海岸绿色生态堤防的理解有限，难免会对某个问题或观点存有个人之见，同时在表述上亦可能有偏差，如有不足之处敬请读者指正。

戴志军

2022 年 3 月 25 日于华东师范大学丽娃河畔

目　　录

第一章　海岸绿色生态堤防理念的产生

　　人类自古择水而居，临水而倚，由水而兴，从山地走向河流，自河流汇聚到河口海岸，海岸带人类文明经受了历次台风和风暴潮洗礼，海塘、土坝、海堤及防护林在无数次的毁坏中被重建，一道道残留的堤坝和地层记录的遗迹见证了人与风暴潮或台风的博弈。堤防，确保了海岸带人类文明的延续，是人类抗争风暴潮的重要举措。无论是东方还是西方沿海国家，兴建的海岸堤坝工程在应对台风、风暴潮及飓风等灾害侵袭方面都起到至关重要的防护功能，被认为是解决海岸面临洪水风险的最佳和最终方案。

　　然而，随着全球气候变化，海平面上升且在近百年迅速上升成为不争之实。同时，台风、风暴潮及飓风等频发并日益增强，这对沿海城市经济与社会的良性发展、社区居民生命及财产安全均构成严峻威胁。海岸及三角洲地势低平且多注地、沼泽及潮沟通道遍及，这更有利于台风或风暴潮直驱而入，在很大程度加剧了沿海城市遭受袭击和经济损失的风险。特别指出的是，海岸带有超过全球 70%的人口和 60%的大城市，当前人口仍在不断向海岸和三角洲富集，因台风、风暴潮等造成的沿海损失难以估量。如美国每年飓风造成的损失达 280 亿美元。近年来，中国风暴潮灾害带来的经济损失同样呈波动上升趋势，风暴潮平均登陆一次所造成的直接经济损失约为 269.32 亿元（谢丽和张振克，2010；王德运等，2020）。IPCC（2021）的第六次报告进一步指出，整个 21 世纪，沿海地区海平面持续上升，强台风及飓风等极端天气更趋于平常，过去百年一遇的极端气候事件在 21世纪很可能会每年都出现，如何应对全球变暖引发的海洋极端天气，无疑是沿海城市面临的亟须解决的棘手难题。

　　日趋增强的海洋灾害天气事件、全球大范围海平面上升，以及日趋恶化的沿海灾损等诸多迹象表明，传统的堤坝海岸防护工程已受到严峻挑战。

　　1）为什么目前的堤坝工程不再或不能再像过去一样能很大程度抵御洪灾？

　　2）对于抵御或应对新的海洋极端天气，采取加高和加固堤坝工程的措施是否有效？

　　3）针对海平面持续上升，以及台风、风暴潮和飓风持续增强，有必要继续加高和加固堤防工程吗？

　　4）假定堤坝工程有可能失效，如何寻求新的措施降低或有效削减来自海洋极端灾害带来的风险？

当前海平面上升及引发风暴潮灾害时，政府及当地原住民采取的方法往往是对堤坝工程进行加固和加高。然而，这种方法短期看似有效，但长期而言却又面临新的问题：飓风、台风及风暴潮将带来严重的降水事件，这将导致沿海城市瞬时出现内涝，且堤坝外潮水位高而难以排泄，这亦将引起城市水位迅速升高，甚至导致城市出现瘫痪；每千米堤坝加高加固的成本呈几何级数上升，加固堤坝的成本与抵御台风能力不成正比，防灾可能收效甚微；被誉为"现代海上长城"的堤坝，如屏障般将城市与海洋隔绝，也同样掐断了海岸湿地生态系统在物质与能量间的联通；不同于 20 世纪，当前流域高坝构建迅速引起入海泥沙急剧下降，先前堤坝前沿宽广发育的滩涂因泥沙来源匮乏而普遍出现侵蚀后退，这也可能让堤坝暴露于台风大浪之中，加之近底层水体对堤根的局部长期作用，将导致堤角掏空或失稳而坍塌，最终将沿海城市陷于风险中。令人遗憾的是，之前大多海堤在设计中并没有将堤坝纳入到流域—海岸—海洋动力的系统进行考察，单纯从堤坝结构及堤坝配置如何应对风暴潮的角度进行海堤的设计和功能配置，长此而往不但没有达到海堤防护的根本目标，相反会加重相应的海洋灾害。

因此，当全球二氧化碳排放激增引发海平面上升，风暴潮、台风及飓风加剧等一系列环境风险及灾害时，滩涂湿地作为最重要的碳存贮区之一，在抵御台风、风暴潮及飓风袭击方面发挥着重要的消浪缓流价值。欧美国家已经开始尝试退堤还滩，退耕地还湿地，试图在沿海城市与海洋之间构建大规模或宽广的潮滩湿地，以达到抵御极端海况且碳增汇的双赢目标。简而言之，这种扎根于潮滩之上，形成盐沼、红树林及海草等生态系统的绿色海岸以防护城市避免遭受洪水之险的堤防配制，被称为一种新的堤防措施——海岸绿色生态堤防。目前，海岸绿色生态堤防陆续在全球沿海国家或地区开始践行，似有取代传统堤坝工程之势。但海岸绿色生态堤防是否能行之有效？是否可取代传统堤坝工程？是否能推而广之？仍需理论和技术的论证，以及案例践行，方能辨其效果，以真正促进全球沿海城市健康、安全发展。

1.1 海岸带脆弱性加剧

1.1.1 气候变化错综复杂

海岸带是陆地和海洋的交汇区，为地球陆海最大和最狭长的界面。该界面汇集了"山河湖海林田草"几乎全部陆地与近海重要生态系统类型，以占全球不到20%的面积产出超过 50%的经济总值。同时，该界面还承载全球超过 2/3 的大城市，蕴含富饶的生物、矿产及航运资源（骆永明，2016）。然而，这一界面同样也是陆海高低大气压交汇地带,海陆热力性质因陆地地形及海洋性质的差异而不同,导致海岸带出现错综复杂的气候。尤其是,全球变暖海洋温度升高已诱发海陆热力发生明显改变,进而影响海岸带一系列极端天气事件发生。最为显著的是,近百年来海平面以 3~4mm/yr 的速度快速上升,未来百年内海平面上升速度将进一步加速。联合国政府间气候变化专门委员会(IPCC)发布的第六次评估报告第一工作组报告《气候变化 2021:物理科学基础》(IPCC,AR6)明确指出:人类活动的影响导致大气、海洋、冰冻圈和生物圈广泛而快速地变化。据 IPCC 报告,自 20 世纪 50 年代以来,全球升温带来了更复杂的气候变化,包括干、湿、风、雪、冰等多因子的多重变化。报告显示地球的"生命体征"恶化达到了创纪录水平,代表行星健康的 31 个关键指标中,与海洋相关的海平面、冰川厚度、海冰范围、海洋热量等指标达到历史极值(Ripple et al.,2021)。整个 21 世纪乃至更长时间尺度上,全球变暖影响下导致的一系列变化特别是海洋、冰盖、海平面的变化形势难以逆转。进一步的变暖将加剧多年冰川、冰盖的融化,以及积雪、夏季北极海冰的损失,这会导致全球海平面上升平均值可能超过预期(Ripple et al.,2021)。海平面上升的同时,气候变化引起台风、风暴潮及飓风,海岸侵蚀、港湾河口快速淤积或侵蚀、盐水入侵、沿海土地盐渍化及地面沉降(Erten and Rossi,2019;He et al.,2019;Osorio-Cano et al.,2019;Smee,2019;Van Coppenolle and Temmerman,2019)等气候变异强化的次生灾害已呈现出恶性发展趋势。与此同时,海洋变暖、海洋酸化、氧气含量降低与更频繁的海洋热浪将严重影响到海洋和海岸带生态系统(IPCC,AR6)。这些常有或新增加的灾害无疑对海岸带的安全产生巨大威胁,不利于海岸城市的健康持续发展。因而,人们对海岸带地区安全问题的担忧由来已久,全球变暖导致海岸带面临复杂的气候状态,将威胁海岸带地区的生态安全。传统的堤坝工程在应对这些大尺度和即将成为常态的灾害时,更显无奈与无力。

1.1.2 海洋灾害加剧而频繁

海岸带是极为脆弱的环境系统,地震、海啸、火山爆发动辄危及或导致整个片区生物死亡,每年历经的台风、飓风及风暴潮则是影响海岸带社会、经济及生态等的常见灾害。错综复杂的气候变化已导致海岸带地区遭受洪涝、风暴及其他次生自然灾害的频率和强度不断增加,全球气候相关灾害数量激增(图1-1),如毁灭性的洪水、超乎寻常的暴风雨、热浪和火山爆发等(Ripple et al.,2021),这些灾害都在海岸带存在,且带来的海岸生态安全风险进一步上升。同时,日趋增加的海岸带人口也加速沿海城市的发展,反过来,一旦出现海洋灾害,海岸带受困或死亡的人口亦相应增加,到目前为止,即使有堤坝工程防护,台风、风暴潮及飓风等构成的海岸带风险仍是未解难题，仍然在很大程度构成海岸带重大风险，并带来灾难性后果。全球紧急灾难数据库（Emergency Events Database，EM-DAT）数据显示，2000～2020 年，全球共记录了 8643 起自然灾害事件，造成 135.8 万多人死亡，受灾人口超过 41.55 亿人，经济损失 3.5 万亿美元。其中，洪水和风暴是发生频率最高、破坏最严重的灾害事件，由 49.5%（2000年）上升到 62.9%（2020 年），海岸带遭受洪水和风暴的影响高居前列。

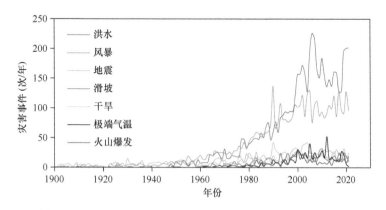

图 1-1　1900～2020 年全球自然灾害（数据来源：EM-DAT）

海岸带灾害遍及世界沿海各国，但以亚洲受灾为重，全球受灾最多的国家有七成以上位于亚洲。其中东亚、东南亚地区濒临印度洋和太平洋，且处于太平洋板块、印度洋板块及亚欧板块三大板块交界带和世界最大的季风影响区，因而地震、海啸及叠加在季风影响的台风与风暴潮不仅导致该区域海岸灾害频繁，而且灾害强度明显高于世界其他区域。我国海岸带受热带气旋和西伯利亚强冷空气的影响强烈，洪水和风暴频发程度高居世界首位（图 1-2）。此外，天文大潮、风暴潮、洪水、灾害性波浪往往在海岸带地区汇聚叠加，使得海岸灾害风险大大增加（Woodruff et al.，2013；He et al.，2014）。例如，1928 年袭击美国佛罗里达州的飓风摧毁了一条防洪堤引发洪水，1953 年风暴冲垮荷兰北海拦海大堤（王喜年，1993），1978 年"吉尔伯特"飓风造成北美洲牙买加、海地、墨西哥等国家百亿美元损失，1997 年"温妮"台风登陆恰值天文大潮，上海吴淞口潮位高达 5.99m，华东地区经济损失超过 400 亿元（陈满荣和王少平，2000），2005 年"卡特里娜"飓风导致整个新奥尔良市区被淹，经济损失近千亿美元（郑晶晶等，2007；Hensley and Varela，2008），2008 年"黑格比"台风造成中国直接经济损失 800 亿元（卢莹等，2021），2012 年"桑迪"飓风致使美国综合损失高达 630 亿美元（翟俊，2016），2017 年"哈维"飓风袭击得克萨斯州东南海岸，巨大洪水破坏造成超过 200 亿美元损失（Davlasheridze et al.，2019），2019 年超强台风"利奇马"导致中国直接经济损失 515 亿元（李雪峰，2020）。前述海岸城市遭受风暴潮袭击而出现极大损失，诚然堤坝在抵御台风、风暴潮等极端海洋灾害中发挥重要作用，但一旦溃坝或海洋灾害导致的洪水超过堤坝高度，则沿海城市极可能出现类似新奥尔良城市的淹水之灾。寻求新的途径解决海平面上升及越发频繁的风暴潮灾害是整个所有国家和地区亟须解决的问题。

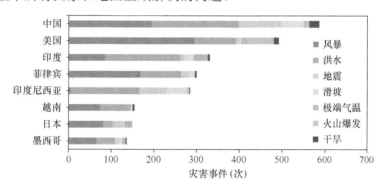

图 1-2　2000～2020 年沿海国家典型自然灾害（数据来源：EM-DAT）

1.1.3　高强度人类活动导致海岸带灾险

地震、海啸及火山爆发对海岸构成严重局部危险，海平面上升则对海岸构成普遍性的风险，如导致海滩侵蚀后退，三角洲发生沉溺。然而，除地球构造应力及太阳能形成的内、外应力外，人类活动亦在广度和深度上不断影响地球，改变地表系统。自人类世以来，高强度的人类活动已遍及整个地球，海岸带成为高强度人类活动的重要承载区。海岸带或三角洲抽取地下水，导致沿海城市地面发生大幅度沉降，海岸潮间带被圈围成为土地，港湾被拦截开发新城，如荷兰西南三角洲地带由于过度围垦土地发展农产品业而发生海水倒灌事件（李荣军，2006），印度尼西亚首都雅加达每年抽取大量地下水导致地面下沉，由于海平面上升该区域预计在 2050 年被淹没 95%（Takagi et al.，2018），我国玉环市漩门围垦造堤工程实施后，围区潮间带不再受潮汐作用因而影响部分鸟类栖息地生境质量（陈俐骁等，2019），此类例子比比皆是，不胜枚举。21 世纪以来，海洋及沿海地区已承担了全球约 90%的贸易运输，维持数十亿人的基本生计。港为城用，城以港兴。海岸带港口林立，对海岸的开发和利用已远超过去任何一个世纪，人类活动对海岸带的影响难以估量，无意或有意地开发和掠夺海岸及近海资源，导致海岸自然资源永久性难以恢复。正如恩格斯所说："我们不要过分陶醉于我们人类对自然界的胜利。对于每一次这样的胜利，自然界都对我们进行报复"。例如，我国渤海湾沉积物重金属主要集中在港口及潮间带区域，可能随着食物链迁移和积累对人类健康构成严重危害（陈秀等，2017）。十年前美国历史上最严重的墨西哥湾原油泄漏事件目前仍对海洋环境中的水环境、生物圈、岸滩等造成污染和破坏,威胁人体健康(董文婉等,2020)。东京湾浅滩因填海和疏浚丧失,密集产业工厂大量排放"三废"导致海水水质变坏、沿海湿地几乎丧失殆尽(熊红霞等,2020)。此外,流域建坝、流域大规模农药及化肥的施用,以及流域大量工业废水排放,最终导致进入三角洲河口及近海的重金属含量、有机污染及生源要素明显升高,这不仅构成海洋生物和生态环境的健康安全风险,同时导致生物链网结构失衡以及污染物逐级积累,这必将对沿海养殖业和渔业造成严峻挑战,由此深远影响或反馈于人类自身。近期骆永明(2016)较为全面地总结了我国海岸带生态、环境、资源、灾害、农业、水利、交通、能源、文化等问题及成因(图1-3,图1-4)。其中气候问题最为突出,时刻影响沿海城市安全,传统堤防工程有必要进行重新论证和综合规划,以发挥其最大效益支撑沿海国家或城市的健康发展。

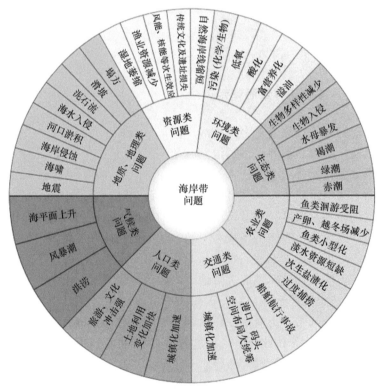

图 1-3 我国海岸带主要问题(改自骆永明,2016)

鉴于高强度人类活动引起全球气候变化,进而促成海平面上升已是不争之实。而流域、河口及近海无序的人类活动则直接导致海岸环境生态受到威胁,特别是引起海岸环境发生永久性不可恢复。传统海堤构建、堤前滩涂及植被状态与目前海平面上升及台风风暴潮加强之间的博弈机制,与沿海城市安全直接相关。加之海岸带地区本身就具有暴露度大、脆弱性强及地质结构不稳定等问题，加大了海岸带城市损毁或功能丧失等风险。因而，国际上先后启动的国际地圈-生物圈计划（IGBP）、国际全球环境变化人文因素计划（IHDP）、灾害风险综合研究计划（IRDR）、国际海岸带陆海相互作用计划（LOICZ）等重大计划，都将海岸带灾害风险列为核心主题之一。IPCC 发表的《管理极端事件和灾害风险推进气候变化适应特别报告》（2012）、联合国国际减灾战略署（UNISDR）发布的《2015—2030年仙台减轻灾害风险框架》，也将"减轻灾害风险与应对气候变化"作为未来海岸减轻灾害风险的重点研究领域。最近启动的未来地球-海岸（Future Earth-Coast）国际科学计划鲜明地指出需考虑全球气候变化引起海岸带风险的过程、机制及对策研究。

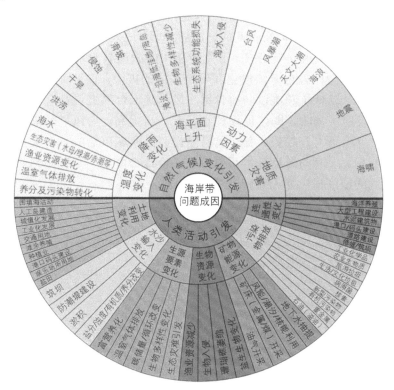

图 1-4　我国海岸带主要问题成因（骆永明，2016）

1.2　传统海岸堤防工程困境

1.2.1　传统海岸堤防工程效益

传统的海岸堤防工程实质就是指以土坝、混凝土或钢筋等材料形成的不同状态或结构的挡水建筑物。这里的挡水是将台风、风暴潮及天文大潮等引起急剧抬升的海洋水体排除在堤外，以免进入堤内引起城市内涝或堤内区域人民生命及财产受到威胁。堤防，顾名思义就是用构建的硬质建筑物（堤坝）阻挡水漫延。我国古代的《周礼·地官·稻人》中就有"以防止水"的记载。传统的堤防工程是世界上最早、最广泛应用的水利工程，聚居于海岸带的人很早就学会利用障碍物堆砌在海边以抵御洪水、台风及风暴潮。由于波浪及潮流组合的动力随潮水涨落而对堤坝形成正面和堤角的压力，由此会导致堤坝经常发生堤角掏空而倒坍。故，人类尝试在堤坝外抛石或形成不同结构形态的挡浪墙或挡浪结构，并根据堤身、堤基、堤前水深从而设计坡式、坝式、墙式等护岸工程。历经两千年之久的海岸堤防工程发展至今，已成为保障沿海城市经济与社会发展的重要举措。然而，即使海堤修建如长城，即使海堤构建在西方发达或东方落后国家皆有，且也的确在台风、风暴潮及洪水等侵袭时发挥其应有功能并卓有成效，但是海堤也并非万能，并不能提供足够的城市安全保护。海岸带存在无法预测的未知灾害风险，即便人们熟知的风暴潮风险也无法量化其可能构成的灾害。正是对未知和熟知风险的不可预测、难以抵抗和难以防御，每次风暴潮或台风过境都造成不可避免的社会、经济及财产损失。即便堤坝建设标准一再提高，台风风暴潮的影响仍然日趋严重，风险呈上升趋势，海洋风暴潮侵袭沿海城市造成重大灾损并无减轻之势（表1-1）。上海的海堤基本可以抵抗100或200年一遇的台风风暴潮，但风暴潮造成的经济损失亦无减轻之势（表1-2）。

表1-1　历史上严重的海洋风暴潮灾害情况（部分引自王喜年，1993）

国家	时间（年）	地点	死亡人数（人）	受影响人数（人）	经济损失（亿美元）
中国	1696	上海	100 000	/	/
	1862	珠江口	80 000	150 000	/
	1956	浙江象山	5 057	/	/
	1980	广东	296	/	/
	1988	浙江象山	162	10 500 000	100
	1996	福建	700	46 000 000	44
	2006	福建、广东	859	/	59
	2014	北部湾	56	14 024 000	83
	2019	东海、黄海	57	/	/
越南	1881	海防	300 000	/	/
	2006	巴地-头顿	801	/	5.3
菲律宾	2012	棉兰老岛	1 000	/	10
	2013	莱特岛	6 344	/	43.9
荷兰	1953	北海沿岸	2 000	600 000	/

续表

国家	时间（年）	地点	死亡人数（人）	受影响人数（人）	经济损失（亿美元）
日本	1934	高知	2 702	/	/
	1954	全国	1 361	/	/
	1959	名古屋	4 700		15.3
	2019	伊豆半岛	98	/	150
孟加拉国	1970	孟加拉湾	275 000	4 700 000	70
	1991	吉大港	138 000	10 000 000	20
美国	1900	得克萨斯州	6 000	/	/
	1969	密西西比州	144	/	12.8
	1972	墨西哥湾	/	/	31
	1989	南卡罗来纳州	49	216 000	70
	2004	墨西哥湾东部	10	/	150
	2005	新奥尔良	1 833	/	/
	2008	得克萨斯州	74	/	193
洪都拉斯	1998	全国	9 000	/	/

表 1-2　20 世纪 90 年代以来影响上海市较大的风暴潮及损失情况表（国家海洋局）

时间	台风风暴潮名称	最大增水（cm）	死亡人数（人）	直接经济损失（亿元）
2018 年 8 月	摩羯	/	/	0.54
2015 年 7 月	灿鸿	130	/	0.05
2014 年 8 月	云娜	107	/	0.024
2012 年 8 月	海葵	323	/	0.06
2011 年 8 月	梅花	159	/	0.12
2005 年 9 月	卡奴	320	/	3.7
2005 年 8 月	麦莎	241	7	13.58
2002 年 9 月	森拉克	219	/	0.021
2002 年 7 月	威马逊	219	6	0.021
2000 年 9 月	桑美	170	1	0.15
2000 年 8 月	派比安	260	/	1.22
1997 年 8 月	温妮	235	7	6.35
1996 年 7 月	贺伯	119	/	0.43
1994 年 8 月	弗雷德	117	/	0.005
1992 年 8 月	宝莉	134	/	0.05

　　显然，随着经济与社会发展，高强度人类活动在深刻影响地球表层系统的同时，人们已经从学术层面和社会层面都认识到人与自然和谐统一的重要性。尽管传统海岸堤防工程被广泛认为是抵御海岸侵蚀、风暴潮和海平面上升的有效措施，但愈来愈多的迹象或证据表明这很可能不是最合适的解决方案，许多

学者由此从不同视角对传统海岸堤防工程防御、存在弊端，以及经济生态效益等方面提出质疑（Temmerman et al.，2013；Rangel-Buitrago et al.，2018；Elliott et al.，2019）。

1.2.2 传统海岸堤防工程的潜在问题

目前普遍认为传统海堤工程很可能存在如下主要问题（张华等，2015；高抒，2020）。

（1）现有海堤普遍防洪（潮）标准低，结构和功能指向单一，防护工程体系不完善

海堤主要由围堤、海塘、护岸、丁坝、离岸坝等组成，一般采用钢筋混凝土、块石等构筑，其目的就是用于防洪（李媛媛等，2020）。同时，当前我国已建成的1.45万千米海堤（截至2015年），仅沿海重要城市的重点堤段达到50～100年一遇防洪标准，其余大部分地区不足20年一遇防洪标准，达标海堤仅42.5%（2017年《全国海堤建设方案》）。因而，海堤并没有形成有效的防洪御灾封闭圈（甄峰等，2021），特别是当前百年一遇的台风风暴潮可能成为常态，海堤的防御体系是否完善值得质疑。

（2）海堤结构稳定性差，建设维护成本高

不同于陆域工程，构建于潮间带软土层的海堤成本高，且用于海堤的原料开采、运输、施工等都存在困难，这就直接导致海堤建设成本上涨（王曦鹏等，2013）。同时，目前我国构建的海堤堤身单薄、护面结构缺失且质量差、堤顶无硬化等，而且存在沉降、渗漏、变形与损坏等安全隐患（2017年《全国海堤建设方案》），因而，海堤物理结构的稳定性和安全防护功能的缺陷导致防洪等级偏弱。在面临当前海平面上升和风暴潮加剧的情景，势必需进行海堤加高加固，但进行加固、扩宽和增高等持久的维护需求所耗费的成本巨大（Kabat et al.，2009）。例如，荷兰将开展的三角洲计划预计2050年之前在每年防洪系统进行调整所需的花费可能高达16亿欧元，堤防地区因灾害构成的潜在经济损失将达到3.7万亿欧元（Kabat et al.，2009）。美国预计2025年前对重点岸段进行加固的支出会超过4000亿美元（Whiteman，2019）。

（3）海堤时空变化格局大，亟须进行堤防工程调整

自20世纪80年代以来，人口不断向海岸带聚居，海岸沼泽、湿地及潮间带不断被围垦成陆，海堤不断被构建。然而，海堤构建远赶不上高强度的海岸带开发，如日本东京湾圈围，我国渤海湾填海造陆，长江口高潮滩基本缺失而中低潮滩亦被圈围。为避免圈围或成陆土地被台风风暴潮侵袭，更高标准的海堤自然随之构建。这就在沿海地带出现沿岸线排列的新旧海堤，进一步隔离海岸地理单元，

严重影响生物多样性，尤其是新的海堤往往是应局部经济或社会效益而建，在城市规划、区域土地利用及抵御台风风暴潮等方面没有进行严谨布局或规划，堤线不利走向、地质条件及应急抢险等因素较少考虑（邵继彭等，2017）。因此，在新的台风或百年一遇的风暴潮来临时，新建海堤极可能因防洪标准、海堤结构及护岸能力等不足而将海岸积累的财富毁于一旦。此外，IPCC（2021）的报告已经指出未来极端气候的变化可能会成为常态。反复多变的气候将给海堤防洪标准设计带来极大困难。未来气候灾害增强和加快的幅度难以准确预测，海堤工程的"预备期"、"服役期"可能比预设水平进一步缩短，其防护作用也可能降低；即便采用分步海堤计划亦可能不现实，海堤施工周期、资金来源及建设标准都难以衡量（高抒，2020）。

1.2.3　传统海岸堤防工程对环境的负面影响

事实上，追溯到工业革命时代，经济至上与利益至上贯穿在海堤的设计及防护中，长期以来全球沿海堤防均是以经济和社会因素为主导进行规划（Cooper and Mckenna，2008），如设计建造专注于水力学（设计水位、波参数）、结构力学等工程本身的安全问题[《国际堤坝手册》（CIRIA）]，侧重于控制或承受自然波动的稳定问题（Slinger and Vreugdenhill，2020）。直到21世纪初，沿海环境生态都未被纳入堤防设计标准的具体要求中，传统堤防工程亦未认识到堤内外滩涂也可能减缓波流等动力从而有效削能，达到分担堤防工程部分功能的效果。故随着人与自然和谐统一的生态理念出现，特别是"绿水青山就是金山银山"的绿色发展观日益成为主流，传统海岸堤防工程的弊端无疑显得格外突出，一道海堤隔断了一个原本完整的生态系统，造成海岸地貌结构缺失，阻碍植物的演替更新，影响爬行动物繁殖等。传统海岸堤防工程产生的负面影响已逐渐成为全球海岸带管理中不可忽视的关键问题（Rangel- Buitrago et al.，2018）。

从工程的稳定性和海岸带安全角度看，传统海岸堤防工程本身也具有不可回避的负面问题（图 1-5）。其一是传统堤防工程修建于软质潮滩或海滩上，明显改变潮间带局部水动力特征。混凝土或钢混结构的硬质海堤竖立于潮间带引起波浪反射性增强，从而导致海滩出现垂向侵蚀（Ndour et al.，2018）；同时近底层潮流提供较大横向应力，平行于堤防结构的水流可以增加堤前潮间带冲刷深度，在堤根附近形成的湍流波动会进一步加强局部冲刷范围，增加底部床层的剪切应力及泥沙输运速率，导致潜在冲刷概率大大增加（Sumer et al.，2001）。如阿尔及利亚的Mustapha 防波堤竣工三年期间频繁经受严重的风暴潮作用，导致近底部流速大而引起堤脚冲刷深度延展，最终海堤向海倒塌（Oumeraci，1994）。其二是传统堤防工程明显阻止横向泥沙的移动与输运，严重影响后滨沙丘与滨面、高中潮滩之

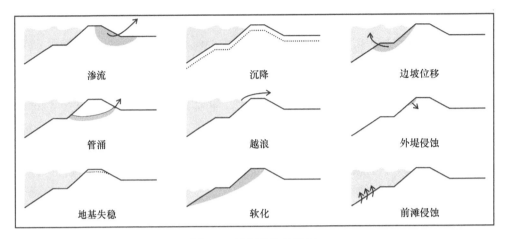

渗流　　　　　　　　沉降　　　　　　　边坡位移

管涌　　　　　　　　越浪　　　　　　　外堤侵蚀

地基失稳　　　　　　软化　　　　　　　前滩侵蚀

图 1-5　堤坝的失效机制

间的泥沙循环,导致海滩及潮间带退化。在风暴或台风期间,后滨沙丘或高潮滩一般将出现侵蚀,这种侵蚀的实质是它们通过移动自身泥沙进入滨面或中低潮滩而达到消能和抵御台风的目的;在通常天气状态,先前被侵蚀的泥沙又会重新输移进入后滨或高潮滩,从而维持后滨及高潮滩地貌稳定。显然,海堤构建导致堤前滩面在台风风暴潮期间得不到后滨泥沙的补充而加速侵蚀,后滨或高潮滩则因海堤构建,无法和滨面或中低潮滩构成完整地貌结构,最终诱发后滨沙丘及高中潮滩的退化,从而明显降低潮间带对风暴潮的抵抗力和恢复力(Paskoff,2004;Franz et al.,2017)。其三是厚重海堤加剧地面沉降(Syvitski and Milliman,2007),伴随海平面上升而相对增加了潮位上升速率,从而增强波浪越顶风险,加快堤脚水动力掏蚀及海岸线后退,海岸线自然适应力明显削弱(Temmermanl et al.,2013;Neal et al.,2018)。这又导致高水位上升和传播速度加快,海堤结构将承受更大能量和极为频繁的波流冲撞,增强和恶化了沿海洪灾风险(Bernatchez and Fraser,2012;Paskoff,2004)。此外,传统海堤结构通过改变海岸水体循环模式和泥沙运输途径,严重破坏地貌和植被结构的完整性,生态弊端凸显(Firth et al.,2013)。例如,海堤的阻隔造成有潮生境的侵蚀甚至丧失(Murray et al.,2014;Perkins et al.,2015),污染水体(Lu et al.,2018),干扰植物种子和幼虫扩散(Jackson et al.,2015),影响底栖生物繁殖(Sim et al.,2015;Talmage and Gobler,2011),改变生物群落结构(Hale et al.,2011),导致生物多样性下降(Gittman et al.,2016)和渔业养殖资源大规模减少(Bulleri and Chapman,2010)等。

综上,传统海岸堤防工程有其优越性,但又有其先天弊端会对环境产生不利影响。随着海平面进一步抬升、台风风暴潮进一步作用,维护与加固成本呈几何级数上升,需要权衡海堤结构在抵御风暴潮的价值。对于当前海平面上升新情景下的台风风暴潮,传统的海岸堤防工程的应对能力,即防洪减灾能力很可能将低于预期且难以持续。如何让海岸堤防工程的防护作用最大化、最优化，免遭洪灾侵袭，寻求合适与适应新情景的堤防体系是全球沿海国家和地区共同面临的新问题。

1.3 海岸绿色生态堤防理念

当前海平面上升及接踵而来的频繁台风、风暴潮强度与频次加大成为事实。传统海岸堤防工程固然在抵御洪水及极端洪灾时有重要作用，但其突出而难以解决的弊端限制其进一步发展。特别是当人与自然和谐生态理念成为主导时，传统海岸堤防工程的弊端更加突出，绿色且具有生态要素的堤防应运而生。为了解决日益突出的传统海岸堤防工程的弊端，众多环境和生态学者认为，绿色元素或生态要素应纳入海堤工程建设和适应性管理策略中（Cheong et al.，2013；van Loon-Steensma et al.，2014；Sutton-Grier et al.，2015），即通俗意义的绿色生态堤防。绿色生态堤防的功能就是要将海岸生态系统和堤防工事相结合，使沿海防洪工程从单一的工程堤坝转化为多功能的堤防系统（Sutton-Grier et al.，2015）。绿色生态堤防也可被视为提供或有助于洪水安全的创新型水利设施或对现有水利设施的改造，同时新的堤防还能为娱乐、自然景观和水产养殖等多功能（复合）用途提供机会。但相当一部分学者对绿色堤防的理解是纯自然的防护，而非绿色和传统堤防的结合。即便如此，在人与自然和谐的理念指导下，由"传统堤防工程"到字面的"绿色海堤"，就是一种进步，而将"硬防护"向"软硬结合"进行的尝试，在某种程度是从"围填堵"的"背向大海"，到"疏蓄通"的"拥抱大海"的转型升级（甄峰等，2021），表征全球不同领域对绿色堤防工程的认可。

"碳中和"与"碳达峰"的提出，更加强调绿色主导世界。因此，几千年的传统堤防工程伴随洪水及海平面上升的影响，其弊端因绿色理念的深入而明显突出。面对当前海平面上升与频繁台风、风暴潮的影响，绿色理念的生态堤防工程显然更具生命力而在不同极端天气状态具有相应的缓冲和弹性恢复能力，从而可以更好地维护海岸带经济、人口、资源与环境的和谐发展。

第二章 海岸绿色生态堤防概念、特征、类型及实例

2.1 海岸绿色生态堤防概念

自20世纪80年代以来,海堤构成的岸滩生态环境问题受到广泛关注(Gittman et al.,2015)。伴随绿色概念的兴起,"海堤"不仅需防洪挡浪以保障沿海城市安全,而且要避免其引起海岸生态系统受损。因而,以绿色为主题且融合生态学理念的海岸带堤防概念和策略在世界沿海发达国家悄然出现。国内外学者从不同角度对其进行了不同的概括和简要总结。有的从维持海岸带区域持续发展和安全生存的视角出发,基于海岸绿色生态堤防的对象界定,例如"基于自然的洪水防御"(nature-based flood defenses)(Mitsch,1996)。有的提出应构建与自然适应和以人为本的生态海堤,有的则提出生态工程(ecological engineering)(Mitsch,1996)或整合绿色和灰色的海堤(Browder et al.,2019)。还有学者提出基于生态系统的海岸防护(Temmerman et al.,2012)等。这些近年来提出的新兴概念或框架都从不同层面揭示了海岸绿色生态堤防的内涵,综合形成了海岸防护设计的理论和实践基础(Duarte et al.,2013;Cheong et al.,2013)。此外,国内不少学者提出的海堤绿色发展、"陆海统筹"、"一带一链多点"海洋生态安全格局、"生态化海堤建设"、"海堤生态化改造"、"坡面生态工程"(李远等,2004)等概念,也为界定海岸绿色生态堤防提供了较好的基础。

综合国内外相关研究成果可以看出,中外不同领域的学者从不同角度对绿色生态堤防进行了概括和总结,但到目前并没有对海岸绿色生态堤防的内涵进行界定。我们认为,海岸绿色生态堤防是有效防御海洋灾害天气引起的洪灾,保障沿海人地安全、维持固有生态系统基本不变的绿色材料与植被配置形成的新型环保结构体的总称。对这一定义,可从以下几个方面理解。

(1)海岸绿色生态堤防是有效防御海洋灾害天气引起洪灾的堤防

这是从防御对象上揭示海岸绿色生态堤防的内涵。海岸灾害既有人类活动引起的海水入侵、滨海湿地萎缩退化、海岸带污染及海岸侵蚀,也有自然应力引起的热浪、海啸、台风及风暴潮、赤潮及海平面上升。海岸绿色生态堤防的防御对象具有专一性,即针对海啸、台风及风暴潮等极端海洋水文事件引起的沿岸水位升高、波浪增水,以及波流耦合形成的较强横向水流等洪灾而进行防护。同时,这种抵御有一定限度,而非完全可将洪灾消除,虽然是有效抵御,但这种有效亦

取决于洪灾程度。任何事物不是万能的,构建了堤防并不一定就完全保障城市安然无虞,毕竟在全球气候变化背景下,极端海洋灾害的强度一直处于增加增强状态。因此,沿海城市居民和政府在基于绿色生态堤防抵御海岸洪灾时,仍然需要做好生命及财产等免受损失的准备措施。

(2)海岸绿色生态堤防是保障沿海人地安全、维持固有生态系统基本不变的堤防

这是从防护目标上揭示海岸绿色生态堤防的功能。和传统海岸堤防的功能具有一致性,海岸绿色生态堤防需要保障沿海人地安全,即避免出现伤亡事故,保障土地避免受侵蚀回归海洋。但海岸绿色生态堤防的新目标还包括保护固有生态系统不受破坏。目前传统的海岸堤防被指责的重要缘由就是其破坏先前的生态系统,隔断堤内外物质、信息及能量流的联通,进而影响生态系统结构与功能的完整性。新的海岸绿色生态堤防则尽可能避免上述问题,在最大可能的情况下维持固有生态系统的结构与功能。堤防是结构体,是原生海岸的异物,其首要目的是保障人地安全,因而异物的出现肯定会对原有海岸构成不同程度及性质的破坏,假定没有堤防,不但人地安全得不到保障,原有海岸生态系统亦会受到严重损伤。故予以说明的是,绿色生态堤防的构建并不可能做到不损坏或不破坏生态系统,而只能兼顾,并尽可能维持原有生态系统结构与功能基本不变。

(3)海岸绿色生态堤防是绿色材料与植被配置形成的新型环保结构体的总称

这一点明显有别于传统海岸堤防。首先,海岸绿色生态堤防的材料是绿色环保型,一旦堤防结构破坏,也不会导致环境污染,以及对周边滩涂植被构成损失;其次,堤防为绿色环保材料与植被组合配置,其目的主要是植被能在很大程度消浪,由此可减缓堤防成本;植被亦能通过促淤而避免堤角被近底层波流耦合引起掏空堤根导致堤防失稳;再次,这种堤防是由非纯粹植被构成的堤防,因为完全由植被组成的堤防是难以阻拦水体的,例如荷兰,相当一部分城市都处于海平面以下,没有结构体的堤防,一旦洪水来临,植被堤防难以达到阻隔水体和护岸效果,故虽然纯粹由植被组成的堤防能完整的保留生态系统的结构和功能,但却失去了堤防目的。

2.2　海岸绿色生态堤防特征

海岸绿色生态堤防与传统海岸堤防及内河堤防不同,无论在表现形式还是在内涵上都有自己的特征(图2-1)。

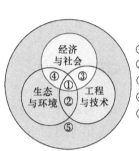

① 海岸绿色生态堤防工程
② 海岸生态修复工程
③ 传统堤防工程
④ 生态防御工程
⑤ 气候灾害与海平面上升

图 2-1　海岸绿色生态堤防特征

2.2.1　表现形式上的特征

1）海岸绿色生态堤防在外观上表现为不是钢筋或土石构成的结构体，而是新型环保材料和堤外绿色植被混合组成的堤防，这有别于传统海岸堤防（仅仅是修建于海岸的长堤）。海岸绿色生态堤防实质是堤防系统，是融于海岸自然生态而又具有防护与保障堤内安全功能的结构。

2）海岸绿色生态堤防是以生态防御为主的堤防工程，这种堤防在构建时还具有修复海岸生态的功能。如堤前滩地红树林或盐沼植被不仅具有防洪和消浪的能力，还具有促淤提高滩面高程而降低海堤受损和受海平面上升发生滩面沉溺风险的能力。

3）海岸绿色生态堤防系统体现了工程与技术领域的新技术——环保材料，体现了其具有保障经济与社会、维持原有生态与环境功能的能力。

显然，海岸绿色生态堤防具有物理上的传统堤防功能，也有生物上的生态防御功能，并且具有消减洪水、大浪沿滩面传播的巨大能量，促使滩面淤积和恢复受损生态系统的部分功能。

2.2.2　内涵上的特征

1）海岸绿色生态堤防涉及的内涵广泛。传统海岸堤防的功能就是护岸，保障海岸避免遭受洪灾风险。但由于社会的发展，人们对绿色及人地核心理念的理解层次不断提升，从而赋予堤防更多内涵。海岸绿色生态堤防需要保障人的生理安全、生活安全、生产安全及城市安全，同时需要维持生态系统的健康与完整。这就赋予海岸绿色生态堤防更高的要求，对绿色生态有更高的期望。

2）海岸绿色生态堤防通常是绿色、生态与堤防交织在一起，没有截然分开。关于绿色，既是指堤防的材料是环保的且不会对海岸环境构成污染或受损风险，也是指堤防系统的配置在外观上反映的是自然、宁静与安全等，或者说是寄予新的堤防融于自然、融于人类生活与社会的理念。谈到生态，既是指海岸堤防应能利用滩地地貌-植被的耦合以防御洪灾，也是指海岸堤防应避免构建时对堤前的滩地地貌-植被-水文造成损失，并在很大程度保障堤内外生态系统结构与功能的完整性。

诚然，现阶段海岸绿色生态堤防很可能尽量维持堤前生态系统结构与功能的完整性，但难以做到堤内外动植物-水文-地貌等的联通。特别是全球已构建的海堤，从 2000 年前的土堤，如我国杭州湾北岸的鱼鳞海塘，到目前普遍存在的传统堤防，仍然并且正在抵御极端海洋天气引起的洪灾时发挥重要作用，如果单方面拆除重建显然并不现实。同时，在建或正在修复的堤防完全使用绿色环保建筑材料亦难以实现，故真正实现海岸绿色生态堤防系统的修建任重道远。

2.3　海岸绿色生态堤防的组成部分和类型

2.3.1　海岸绿色生态堤防的组成部分

海岸绿色生态堤防实际是一个堤防系统。沿着海岸线纵向来看，是一个有空间范围的堤防，而非简单的类似"长城"沿岸线布设。假定从海向陆方向来看，海岸绿色生态堤防系统主要由堤前滨海湿地生态防御带、绿色海堤防御带，以及堤后陆域湿地生态缓冲带三个部分构成（图 2-2）。

（1）堤前滨海湿地生态防御带

这是有别于传统海岸堤防的重要差异之处。滨海湿地生态防御带主要位于潮上带到潮下带的区间，考虑到当前海堤基本构建在潮上带，滨海湿地植被多发育潮间带，因此，滨海湿地的生态防御带主要位于潮间带区。同时，因当前泥沙供应不足和海平面上升，海岸潮下带以上区极可能因台风风暴潮而发生侵蚀将泥沙带入深海，引起潮间带泥沙永久性亏损。加之潮下带水位相对较高，这能导致台风风暴潮引起的波浪在近岸不易破碎而直接进入潮间带。故堤前滨海湿地生态防御带将在潮下带布设绿色环保或天然牡蛎礁石，从而构成第一级消浪块，伴随台风风暴潮经牡蛎礁石消浪后，进入潮间带生态防御二级消浪。滨海湿地生态防御带的主要功能是二级消浪，同时也兼具通过消浪和通常天气的缓流而促淤，由此提高潮滩滩面高程，这能防护堤防结构因堤角冲刷而失稳，同时也能减缓海平面上升引起滩面及植被沉溺。滨海湿地生态防御带包括海岸潮间带各种类型，如海滩、潮滩、岩滩、生物潮滩。顾名思义，潮间带滨海湿地生态防御带一般是由生物礁、海草床、碱蓬及蔗草等草本植物，芦苇及互花米草等禾本植物，蔓荆子、白骨壤、秋茄等灌木及红树林构成。此外，如海堤建于潮上带，则堤外也可配置棕榈、红树及木麻黄等乔木防护林等。值得提及的是，新构建的绿色生态堤防需考虑滨海湿地的生态系统结构及潮滩地貌宽度。潮滩地貌宽度很可能控制滨海湿地的生态系统结构与功能的完整性。地貌宽度需要能容纳相对完整的生态系统群落，如果地貌宽度太窄，则建议构建必要设施以使潮滩宽度达到或基本达到可提供一个生态系统群落适宜生存的空间。

（2）绿色海堤防御带

这是绿色生态堤防的核心部分，防御洪灾的主体。整个绿色堤防结构一般分为堤顶、堤身、堤脚三个部分（图 2-2），应均为绿色环保材料组成。其他结构或组成与传统堤防一致，其中堤顶高程是海堤设计时考虑的首要问题，根据海堤保护的范围和重要性划分通常采用加高、设置反弧防浪墙、种植防浪林等手段以巩固堤顶。堤身与堤脚主要从整体性、抗冲刷能力、消浪效果等角度综合考虑。其中护面结构不仅需考虑能否消减波浪爬高、降低堤顶高度，还需要考虑是否可减少波浪对堤身的冲击力。护面自下而上逐级设置，其中堤脚设置生物环保抛石护堤，同时可采用砼预制块护面，护面可适当人为预留孔洞或形成上凸或下凹结构维持护面结构稳定；迎水面多使用多孔、软质生态基铺设，其上种植植物。同时，绿色堤防结构的设计需要将堤前滨海湿地缓冲带和堤后湿地生态缓冲带纳入，从而在堤顶、堤身及堤脚材料耗费方面能大大削减，由此在成本上低于传统海岸堤防。

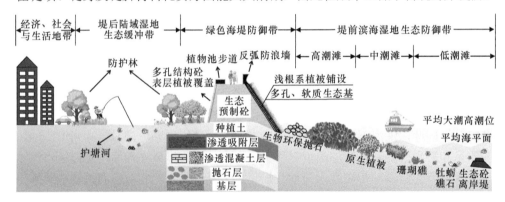

图 2-2　海岸绿色生态堤防示意图

（3）堤后陆域湿地生态缓冲带

这是继堤防系统前两部分失效后的持续缓冲洪灾的辅助屏障。该缓冲带设置的目的是将线性较窄的绿色堤防影响置于最低限度。堤后的农田或居住区在很大程度上将影响动物群落的变化，同时，植被系统也不会因绿色堤防的阻隔出现较大变化。即绿色堤防设置在不同生态系统群落的过渡地带，同时线性堤身每隔一定距离通过有闸的涵洞联通，故这个堤防系统对环境影响降低到极限。堤后缓冲带同样应具有一定的陆向宽度和稳定的陆域生态系统，同时可以设置护堤河，并种植陆域高大乔木以进行防风及御浪，由此进一步缓解堤防系统的绿色堤防及堤前滨海湿地失效后出现的洪灾影响。

2.3.2　海岸绿色生态堤防的类型

沿海地区与内陆地区相比，发展极不相同。随着人口不断向沿海聚居，工业及高科技不断向沿海富集，沿海经济日趋高速发展，但沿海海洋灾害的强度伴随气候变化的影响也在不断加大。近年来，海岸绿色生态堤防在众多国家兴起。由于全球海岸带自然地理环境具有区域性，潮间带类型更是明显不同，因而，绿色生态堤防系统的配置和防御技术都有较大差别。海岸绿色生态堤防系统类型根据局部海岸地质、地貌、植被及水文动力而不同，基于当前海岸堤防及当地政府管理部门的统筹考虑，海岸绿色生态堤防大致分为基于自然的绿色生态堤防和基于传统堤防的生态改造两种类型。

（1）基于自然的绿色生态堤防

基于自然的绿色生态堤防是利用需防护海岸的原生植被、滩涂及海岸特有地质地貌进行海洋洪灾的抵御（图 2-3）。这种自然的绿色生态堤防实质就是由绿色生态堤防的堤外滨海湿地和堤后陆域湿地缓冲带组成。基于自然的绿色生态堤防是目前流行的理念，纯粹基于海岸自海向陆的梯度地形、生长于阶梯状地形的植被、潮间带及后滨沙丘等，或者是通过相关措施构建基于自然绿色生态堤防的地貌结构与植被结构。这种基于自然的绿色生态堤防在很大程度上可达到修复或重建滨海生态空间及维持完整生态系统结构和功能的同时，又达到保护自然的目的。

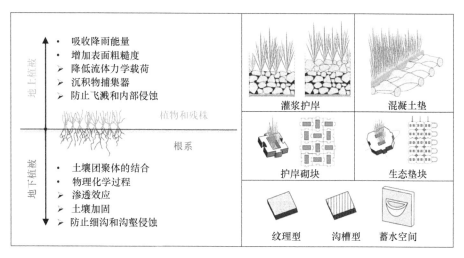

图 2-3　绿色植物护岸的物理效应（左）和结构类型（右）

（改自 Scheres and Schüttrumpf，2019）

基于自然的生态防护和绿色生态堤防有所差异，其首要功能实际是维护生态系统结构和功能，而不是防洪。这种生态防护在促淤和消浪方面有一定效果，但如天文大潮、洪水及台风等形成的复合潮灾，水位远高于植被，植被防护的效果微乎其微。同时，这种基于植被的防护并不能阻水，洪水波可直接通过植被间隙传递进入到聚居区及工业区进而造成重大经济损失。

（2）基于传统堤防的生态改造

将原有传统堤防推倒重建明显不现实。特别是我国长达 18 000km 的海岸线，几乎都是传统堤防，或许可基于传统堤防进行必要的堤前及堤后的生态改造与修复。这主要包括岸坡防护、堤前地貌恢复或修复。

关于岸坡防护，是指通过植物或环保工程对堤岸坡度进行改造，达到防护和加固堤身的目的。其中基于植物的防御工程被称为"有生命的绿色防护"，主要适用于堤前堤后有宽广的潮滩或陆域空间，如果堤前无潮滩，则尽可能营造潮滩淤涨的条件，迫使堤前潮滩向海扩张，进而在潮间带及堤前岸坡引进原生植物，植物防护以土质边坡为主、种植根系发达的草木和铺设抗浪促淤强的植被。这在过去的海岸工程防护手册中均有提及，如《英国国际堤坝手册》（CIRIA）、《德国海岸手册》（EAK）、《荷兰覆植护岸手册》（TAW）、《美国海岸工程指南》（USACE）。相应的基于工程的防护则主要是在潮滩难以存在或区域水动力较强区域，且以石质边坡为主，采用绿色环保的材料，如土工织物、特殊的生态混凝土砌块等，进而在工程护坡上种植抗浪和根系锚定牢靠的植被（Mohamed et al.，2006）。

关于堤前地貌恢复或修复，主要指的是海岸沙丘侵蚀恢复、海滩喂养及人工鱼礁的构建等。目前构建的传统海岸堤防基本是占据先前沙丘所在位置，或将沙丘一分为二。沙丘是抵御台风风暴潮的重要屏障，可通过自身泥沙回卷进入潮下带或更深海区消耗台风风暴潮的部分能量。沙丘修复的通常做法是将与沙丘沉积物粒径相近或一致的砂堆放于海滩后滨以加固加厚沙丘，随后再在沙丘上种植沙生植物以固定沙丘达到稳定沙丘的效果；海滩喂养则指通过机械或水力搬运将一定颗粒配级的沙放置于侵蚀部位或邻近部位，通过加高加宽海滩滩面，同时在海滩喂养区域构建防浪堤坝、潜坝或丁字坝以防止岸线侵蚀后退。海滩喂养在西方及我国都较为常见，但海滩喂养的初衷是防止海滩侵蚀，而现在用于海岸绿色生态堤防，则需更多考虑堤前潮下带的潜坝消能及堤角海滩沙丘植被固沙、堤后植被缓冲等防护。此外，基于环保材料构建的潮下带，如牡蛎礁石则可代替传统的砌石防波堤，牡蛎礁石的区域能有利于近岸生物着床和栖息，吸引鱼类聚集、孵育后代，由此形成局部良性生态平衡，进而可部分消浪护岸。

2.4　国内外海岸绿色生态堤防实例

　　基于生态的绿色防御可能会在未来占据主导地位。目前更多的绿色生态堤防是二者兼具,通过在原有海岸堤防基础上进行改造,从而在构建上降低原有海岸堤防,在堤防结构的维护上降低其成本,同时达到维持原有生态系统结构和功能基本不变的目标。本节主要介绍国内外相对成熟的海岸绿色生态堤防。

2.4.1　国外海岸绿色生态堤防实例

　　(1)美国

　　美国强化海岸防护"建设遵循自然"的理念(van Slobbe et al.,2013)。早在2002年美国陆军工程团发布的《美国海岸工程指南》(USACE)中,就明确提出海岸保护并修复栖息地。而在1998年起美国就着手并陆续建设超过120个生态海岸项目。例如,缅因州索科、南卡罗来纳州的棕榈岛(Harris and Ellis,2020)及罗得岛州纳拉甘塞特等海岸主要采用沙丘修复的方式以防止海岸后退;马萨诸塞州海岸以海滩养护、岸坡防护为主;伊利诺伊州米德尔顿海岸和加利福尼亚州旧金山湾通过抬升岸滩盐沼高度,种植盐沼植被以应对海平面上升和风暴潮带来的影响。切萨皮克湾计划进行一项规模最大的海草场修复。美国弗吉尼亚州基于抛石、沙滩恢复及盐沼植物种植提出"活岸线"的工程方案指南(Hardaway et al.,2010)。康涅狄格州斯特拉特德海岸通过建造人工鱼礁作为生态防波堤以达到消波促淤的效果(徐伟等,2019)。纽约斯塔滕岛(Staten Island)以牡蛎生态堤防代替传统堤防、霍华德海滩(Howard Beach)利用贻贝建设贝类生态堤防约2064m³,由此提升海岸缓冲和应对洪灾的能力;路易斯安那州用"内填贝壳的石笼+渗透沙土生物绿垫+植被绿堤"的组合以防护海岸侵蚀,并应对洪灾(林伟斌和孙一民,2020)。显然,美国不同州基于各自海岸属性进行不同措施的维护,但大部分仍主要是防护海岸侵蚀,只有少数州(如路易斯安那州)采取的措施属于海岸绿色生态堤防系统,并以此应对海洋极端灾害天气产生的洪灾。当前,海岸绿色生态堤防在美国亦处于起步阶段。

　　(2)荷兰

　　荷兰是世界地势最低的国家,大约四分之一的土地都位于海平面以下。因而荷兰对堤防格外关注,其著名的围海大堤即用来防止海水及复合潮侵袭。目前荷兰的堤防防洪标准达到1250年一遇至1万年一遇的标准。荷兰自1916年启动内海开垦工程项目,随后在1958年通过"三角洲计划"。荷兰目前建成的两个主要防洪工程"三角洲工程"和"南海工程"就是为了避免堤内城市、土地及国民受海水影响。然而,随着海平面上升和风暴潮加剧,荷兰不少研究者和政府逐渐发现，单一防洪工程主导的堤防有可能存在极大隐患：海平面上升的坝顶加高不可能持续，这涉及堤坝结构、局部海岸地形及水动力等，而且堤坝的加高本身并不能保证"绝对"安全。同时，堤坝的加高亦可能加剧内涝，并永久性隔断堤内外生态系统的联通，进而引发环境和周边地区的生态危机（Penning et al.，2013；Xiong and De Visser，2018）。特别是，在气候变化和荷兰土地长期处于沉降的影响背景下，建立、加强和维护堤防体系将是一项长久、耗费大量物资且极其艰难的工作。

因而，荷兰在全球是最早提出基于自然防御的国家，并认为应在不降低防洪安全的前提下能恢复生态安全，通过生态系统的部分功能达到防护的效果。出于上述目标，荷兰政府及科学家对堤防新空间和多功能用途进行研究，并勾勒海岸带"蓝绿结构"的蓝图，将绿色空间和水域景观体系进行有机结合与统一，并提出"与水共存"（live with water）、"与自然共建"（build with nature）、"还地于河"（room for the river）等生态堤防建设理念。这能在荷兰颁布的一系列国家级规划政策文件中体现，譬如《气候适应和空间规划 2007》、《国家水规划 2016—2021》、《三角洲规划 2018》、《国家水资源管理愿景》，以及《基础设施和空间结构愿景 2040》等。

荷兰在基于自然防御的理念、措施及工程等各方面都做得非常好。与珠江三角洲"桑基鱼塘"类似，通过长期的实践摸索，荷兰将靠修筑堤坝、抽干湖（海）水而得来的圩田（polder），通过海水涨落形成的潮汐河网连接。这种"圩田模式"（polder model）有效地在人工环境与自然系统中得到平衡，目前逐渐形成了一套切实可行的共识式决策管理方法（van de ven，2004）。具体而言，荷兰基于圩田原理实施"双堤"控制（图 2-4）以防护圩田并和外海有相应的物质、能量和生态流流动，从而形成基于自然的生态防御解决洪灾方案。"双堤"原理是在现有海堤上因地制宜打开缺口，让外海潮汐涨落流经堤后圩田，在传播进入的能量大幅削弱时，再设立第二条堤坝以阻隔潮水（Marijnissen et al.，2021）。第一条大堤通常也会有鱼类洄游通道（图 2-4d），如阿夫鲁戴克大坝（Afsluitdijk）的鱼类溯游通道（图 2-5a），通道设置有可开启的闸门及人工水槽，同时也开放了咸潮通道，通过咸淡水的交汇以恢复鱼类迁移的适应环境（图 2-4e）。埃姆斯多拉德（Ems-Dollard）海岸则利用双堤的盐碱地建立盐渍作物、藻类生长及贻贝养殖等耐盐作物试验场，通过海堤的规律性开放以形成外海和堤间的水文流通，达成生态系统的平衡，由此做到互惠发展（图 2-4）。

除双堤工程以外，荷兰进一步采用堤前进行草皮植被的生态改造，以此消浪和加速恢复堤前湿地。目前荷兰将草皮护坡技术推广到挡潮闸及大坝，并进行堤前植被的生态改造，如瓦登海（Wadden Sea）河口堤坝前盐沼；艾默伊登（IJmuiden）地区基于生态混凝土砌块进行的防波堤生态改造（图 2-5b），局部海洋动植物栖息

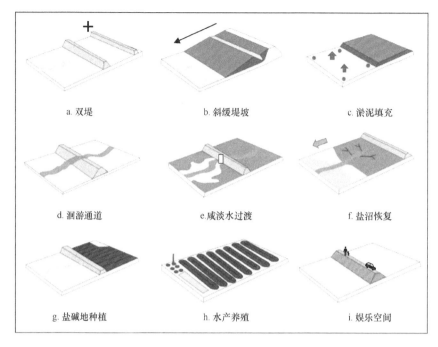

a. 双堤　　　　　　　　b. 斜缓堤坡　　　　　　　c. 淤泥填充

d. 洄游通道　　　　　　e. 咸淡水过渡　　　　　　f. 盐沼恢复

g. 盐碱地种植　　　　　h. 水产养殖　　　　　　　i. 娱乐空间

图 2-4　荷兰绿色生态堤防构建

地得到快速恢复;斯海弗宁恩(Scheveningen)海堤大道构建了人造石护坡,经验证比普通草皮抗冲击性更强(图 2-5c)。堤防稳定技术(dijkvernageling)是采用堤防岩心打孔技术、膨胀柱、塑料和土壤加固等提高堤防稳定性的新技术(图 2-5e),从而在最大程度减少对局部环境产生的不良影响。此外,荷兰洪水控制基金会创新的使用"智能堤防"系统(图 2-5f),通过布设不同传感器实时测量堤坝沉降或变化等参数,从而判定堤坝是否稳定,以更好地检查和管理堤坝。

a. Afsluitdijk大坝通道　　　b. 生态混凝土砌块　　　c. 石护坡-活动平台

d. 移动式堤坝　　　　　　e. "堤坝钉"加固　　　　f. "智能堤防"监控系统

图 2-5　荷兰绿色生态堤防工程设计(图片来自 http://dutchdikes.net/best-practice)

　　基于原有堤坝的生态改造外，荷兰早在1990年就实施"自然政策计划"，又称"退耕还海计划"，即将围海造田的土地恢复成原来的湿地。该计划正式启动了湿地保护与恢复行动，建立起南北长达250km的"以湿地为中心的生态系地带"（van Slobbe et al.，2013）。这是最为"彻底"的绿色生态堤防，没有堤坝而是依赖于再造潮滩湿地进行防洪消浪等。2001年荷兰进一步从海-陆-河生态韧性系统角度出发，实施"还地于河计划"（room for the river）（图2-6）。该计划以防洪安全、空间质量和生态保护为核心目标，将河流洪泛区拓宽代替堤坝加固，在三角洲港口到内陆河区域构建了具有自组织与自适应的生态断面，由此形成密集的水系及自然湿地可将突发洪水通过河网与湿地缓冲而削弱洪水作用，减轻洪水来临后对周边环境的影响，强化了陆海相对健康而平稳的联通系统（Xiong and De Visser，2018）。同时，2006年实施的"沙引擎计划"（sand engine）是通过风、潮汐和海浪将离岸的沙吹填到较大的海滩（Arens and Geelen，2006），从而在鹿特

图2-6　"还地于河"项目措施（上图，改自 https://ruimtevoorderivier.jouwweb.nl/）及成效图（下图，来自 J. van Houd）

1. 降低防波堤；2. 加深夏季河床；3. 拆除障碍物；4. 降低洪泛平原；5. 堤坝内移；6. 堤坝加固加高；7. 增加蓄洪池；8. 河流分支疏解水量

丹和斯海弗宁恩间的沿海海域创造防护海滩侵蚀后退的沙缓冲区（van Slobbe et al., 2013）。2016 年马肯湖的造岛计划进一步通过浮岛与人造植物等人造结构"催化"海岸自然演变，从而创造大面积的斑块湿地，使其成为海岸生态堤防体系的重要支撑。据估算，该工程的设计大大节约成本，最重要的是减少人为因素对滩涂湿地环境的干扰，给潮滩自然群落提供充足的生态调节和环境适应时间，这将有利于区域生态系统自我恢复和趋向稳定，对后续海防具有积极的屏障作用。

（3）德国

与荷兰设置的基于原有堤防进行生态改造与基于自然的海岸生态堤防有所差异，德国通过法律保障的形式，认为海岸防护应以保留天然海岸动力优先，采用亲和性的近自然海岸防护形式（郑金海等，2011）。其海岸防护的主要特征包括：①在沙质海岸上通过种植固沙植物捕集沙源进而培育连续的沙丘，辅助人工补沙来防止海岸后退（图 2-7a）；②通过法律保护的形式避免海岸盐沼地受到破坏（图 2-7b），进而将盐沼丁坝结合进行海岸防护和环境保护。此外，因木桩天然及有弹性的属性导致其结构稳定和环境友好，这不仅不会破坏环境，还可利于固定沙源和减弱岸线后退，故德国普遍采用木制丁坝（图 2-7c）进行海岸防护；③在海岸空间紧张岸段，德国采用移动式海堤和独特的分离式挡浪墙（图 2-7d、e）以满足抵御风暴潮和削减大浪的需求，同时这种灵活多变的堤防结构也将海岸与社区联通，将堤防融于环境，使整个海岸显得更有活力；德国还采取了类似荷兰的双通道挡潮闸（图 2-7f）将通道内外水域联通，其中宽通道可抵御海水上溯与排泄洪水，窄通道允许海水流向邻近湿地满足生态系统所需，这可以很大程度满足生

a. 沙丘　　　　　　　　　b. 盐沼　　　　　　　　　c. 木制丁坝

d. 移动式海堤　　　　　　e. 分离式挡浪墙　　　　　f. 双通道挡潮闸

图 2-7　德国海岸防护型式（郑金海等，2011）

态系统内外联通，属于基于生态系统的新型"调控枢纽"。简而言之，德国采取的海岸绿色生态堤防的核心内容是避免影响生态环境、新建堤防环保且能融于环境及将海堤与自然防护相结合，由此对其海岸进行防护（郑金海等，2011）。

此外，德国为应对气候变暖及海平面上升影响，也开展了基于当地自然环境特点进行的生态堤防。如德国在与荷兰接壤的瓦登海岸采用补充海沙（Reise，2003）的"宽绿堤"生态堤防模式，即用草皮覆盖堤坝，草皮与邻近盐沼直接相连，这种措施在减少波浪冲击、缓解海岸侵蚀等方面展现了很好的作用，特别是草皮与盐沼形成的类宽广绿色湿地的"宽绿堤"还可以开展畜牧业而增加经济效益（图 2-8）。显然，"宽绿堤"与传统海堤相比，建设成本更低且易于维修、适应性更强和单位空间防护质量更高（van Loon-Steensma and Schelfhout，2017）。

图 2-8　德国典型的覆植绿堤可用于放牧

（4）澳大利亚

珊瑚礁是天然的绿色生态堤防。但珊瑚礁生长于热带地区，澳大利亚拥有世界最大最长的珊瑚礁群。澳大利亚的水下珊瑚礁是该国防护台风侵袭海岸带的第一道天然屏障。但受高强度人类活动和全球气候变暖影响，珊瑚礁白化及大规模损失成为常态。澳大利亚在 2018 年修订的《珊瑚礁 2050 长期可持续性计划》中，指出将 1 亿美元的资金用于珊瑚礁恢复和适应计划的研究与开发阶段，具体包括大堡礁（GBR）开发、试验和部署珊瑚礁恢复干预措施，该计划将促进珊瑚礁的适应和恢复，在未来气候情景下增强海岸抵御能力。澳大利亚拥有全球近三分之一的海草面积，也是世界海草资源第一大国，在海草保护和研究中处于领先地位。海草具有丰富的生态服务功能，是储碳的能手，但与珊瑚礁面临着同样的问题。为此，澳大利亚开展了约百次海草恢复尝试，并取得了一定成效（图 2-9b）。同时，澳大利亚黄金海岸及布里斯班、悉尼、墨尔本等主要城市采用沙滩养护进行海岸维护（Cooke et al.，2012），部分海岸通过修建人工沙栅和种植植被来保护沙丘，以维持沙丘的天然防护作用（图 2-9c、d）。在悉尼，当地政府则基于"人与自然和谐相处"的理念对传统海堤进行生态化改造，如在人工修筑的海墙上开孔，为海洋生物提供栖息地、产卵所等（图 2-9e、f）。

图 2-9　澳大利亚海岸生态保护管理措施

a. https://ecos.csiro.au/；b. https://www.bmt.org/；c. https://landcareaustralia.org.au/；d. https://flickriver.com/；
e、f. Chapman & Underwood，2011

（5）日本

日本地处环太平洋火山地震带，集中了全球十分之一的活火山和五分之一的地震事件，极易受到地震引发的海啸、风暴潮及海岸侵蚀等的影响。同时，日本号称"千岛之国"，土地面积狭长且极为有限，故日本在海岸防护方面可谓步履艰难。长期以来，日本海岸防护以直立海堤及防浪墙等线状硬质工程为主（王江波等，2020），但自 20 世纪 80 年代起，日本海岸防护理念经历了线（海堤）-面

（滩）-立体环境（生态、景观及防灾）的演化。海岸带堤防的基本理念是尽量采用自然材料和多级结构，基于不同的海岸类型，采取不同的护岸技术，目前沿海总体构建广泛生态亲水海堤，如日本关西机场缓坡石积护岸、滨田港等地鱼礁藻场多重复式护岸（詹旭奇，2019）。自然型生态护岸主要有植物护岸（图 2-10）、干砌石护岸、原木格子护岸等方式；半自然型生态护岸主要采用石笼、半干砌石、土工材料等进行防护，混有植物纤维的生态混凝土表面可生长植物（李远等，2004）；人工型生态护岸主要有混凝土、框格砌块护岸（图 2-10b）和土壤固化剂护岸等方式（周怀东等，2003；河川治理中心，2005）。

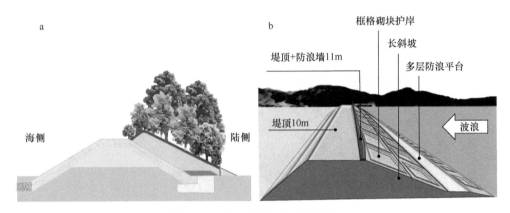

图 2-10　日本典型生态护岸结构

a. 仙台湾南部海岸的"绿色防潮堤"；b. 框格砌块护岸

此外，针对传统重力式堤防占地面积大、工序复杂和作业困难，以及堤防动力荷载高、容易发生滑动和倾倒、损毁程度高等问题，日本革新"植入式栅栏防壁"的堤坝概念，研制了一种新型植入结构及其配套工法（图 2-11 日本新型"植入栅栏"型堤坝），植入结构作为堤坝的"地基"、"脊柱"、"防水衣"和"救生圈"，可有效防止堤坝塌陷，迅速再生和强化防潮抗洪功能，并防止海岸侵蚀（图 2-12）。该技术可较大程度降低环境影响，具有应用广、可循环利用、可持续发展的优点。简而言之，日本受限于高台风、强地震及大海啸，国土本身面积有限，陆域腹地少，很难建设基于自然或生态的防御工程。因此，其采取的海岸生态堤防并不同于荷兰、德国及美国，即使海岸堤防亲水，但仍是以工程为主体。

（6）印度尼西亚

不同国家因地理位置、地势和气候不一，针对海岸绿色生态堤防的政策、计划也具有明显差异。这里进一步简述热带地区印度尼西亚爪哇北部对海岸绿色生态堤防的开展。该区域地势低平，但受热带台风及局部高强度人类活动的影响极为严重，具体表现在沿海红树林遭受大规模破坏且红树林区被转换为养殖用地，

a. 冲毁的钢筋混凝土海堤　　b. 毁坏的沉箱式海堤　　c. 完好的临时围堰

d. 植入式防灾堤坝　　e. 植入式海堤　　f. 植入式防洪墙

图 2-11　日本新型"植入栅栏"型堤坝与应用（http://www.gikenchina.com）

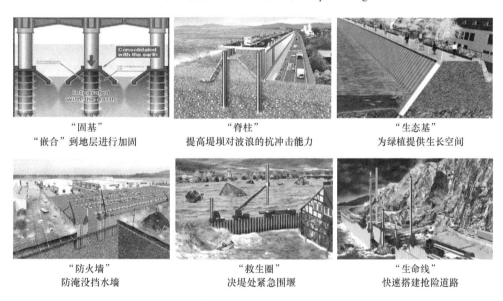

"固基"　　　　　　　　"脊柱"　　　　　　　　"生态基"
"嵌合"到地层进行加固　提高堤坝对波浪的抗冲击能力　为绿植提供生长空间

"防火墙"　　　　　　　"救生圈"　　　　　　　"生命线"
防淹没挡水墙　　　　　决堤处紧急围堰　　　　快速搭建抢险道路

图 2-12　植入式堤防构型及作用（http://www.gikenchina.com）

岸线出现明显侵蚀后退，由此对当地海岸安全和社会经济发展构成了严重威胁。传统的堤防结构在该区域构建后，岸线侵蚀后退导致堤坝容易塌陷失稳，加之堤坝本身存在结构缺陷及软基面较难承受厚重坝体，这又加剧坝身的不稳定。当前该区基于"与自然共建"理念，开发了低沉降透水结构，形成"红树-养殖塘"模式（图 2-13c、d），这在一定程度能有效抵御极端台风，并能给当地经济与社会带来潜在效益（Winterwerp et al.，2016）。

具体而言，在该区域沿海岸采用堤坝建设技术含量低的植被透水结构（图 2-13a、b），材料主要采取木竹。作为原材料的木竹在热带地区容易生长，具有来源广、成本低廉和施工便捷等优势。然而，木栅栏容易因波浪冲击和昆虫啃食而损坏，因此，当地使用混凝土填充的 PVC 管建立垂直支架和其他填充材料以更好维持透水结构的稳定性和增加其使用寿命。其中构建的透水结构可以有效拦截沉积物，为红树林提供有利栖息空间，从而进一步对这些空间进行红树林修复，形成透水结构拦截泥沙，泥沙促淤提高红树林定植概率。红树林定植后又能抵御台风和捕获更多物质以增加红树林系统的物质与能量，稳定林间的生态系统结构。据不完全统计，部分区域通过这种方式可维护沿海安全、净化水质，并促进其后方的水产养殖池塘效益达到最优。相应地，鱼、虾、蟹和贻贝养殖与农业可得到多样化可持续发展，产生的经济效益又反哺于红树和透水结构的维护。

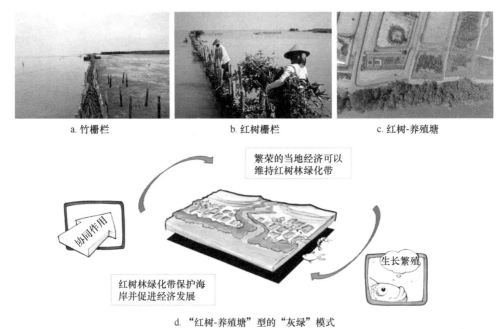

a. 竹栅栏　　　　　　　b. 红树栅栏　　　　　　　c. 红树-养殖塘

d. "红树-养殖塘" 型的 "灰绿" 模式

图 2-13　印度尼西亚海岸绿色生态堤防（a～c 由 Susanna Tol 提供；https://www.ecoshape.org/）

2.4.2　我国海岸绿色生态堤防实践

我国是海堤建设大国，海堤在维护我国沿海经济与社会安全方面提供了重要保障。伴随国外先进的生态理念及我国近年来强调的"绿水青山就是金山银山"、"潮滩泥滩也是金滩银滩"等理念的产生，近年来，海岸绿色生态堤防相继在我国沿海省份得到重视，并着重考虑不同纬度地带的植被群落之间耦合作用、固碳、污染治理、提供鱼类产卵场、鸟类与野生动物栖息地等重要生态效益，进行针对性的工程设计和堤防配制技术研制。我国的海岸绿色生态堤防一般可分为堤坝型式、护坡和生态恢复三种方式。

在我国北方，以河北为例，其海岸线侵蚀后退相对严重，其采取的措施是以退养还滩与湿地恢复工程为重点，如北戴河新区沙质海岸与曹妃甸沿海地区淤泥质海岸采用滩肩补沙、人工鱼礁潜堤及后缘覆植沙丘等多种方式，目前海滩退化趋势得到有效控制，植被覆盖率分别达到 98.5%和 90%。同时，在昌黎黄金海岸自然保护区七里海潟湖堤外恢复约 68hm^2 的湿地植物，拆除防潮闸及黏土坝以恢复潮汐通道，加以浅海投礁养殖等形式，建成受损海域生态示范区 82.4hm^2，建设生态护岸 5.43km。截至 2019 年，北戴河新区已有沿海防护林共 150 余公顷，覆盖率达到 44.6%以上，其中营造的开放式森林公园花果繁茂，成为新时代"三生空间"（生产、生活、生态空间）结合的典范。

广东省考虑堤防建设、城市发展和生态保护三结合，由此进行多功能生态海堤构建（陈俊昂等，2021）。其中堤脚原有抛石为基，铺设干砌石修成缓坡，面覆生态袋、土工蜂巢框格以促进绿植固定生长。迎水带"多级、斜缓"，并运用（生态）混凝土"自嵌式瓶孔砖"新技术（图 2-14）。这能有效减少土体淘刷，增强护坡的安全性、整体性、生态性及景观性。"双防浪墙+蓄浪平台"海堤结构设计（图 2-15）可减少 23%越浪量；开放、亲水的设计避免"海堤围城效应"，形成高品质的滨水城市融合空间（陈俊昂等，2021）。

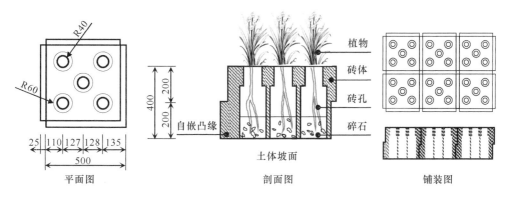

图 2-14　一种生态混凝土预制块："自嵌式瓶孔砖"（改自陈俊昂等，2021）

广西防城港红沙环岸段采用梯田式护坡结构，使海堤向海坡度变缓；同时通过堤脚设置潜坝促进滩涂盐沼和红树林定植与群落重建，其中红树林成活率达65%。护坡利用多种乡土滨海植物，使海堤坡面实现全面绿植化和生态化。海堤与滩涂、红树林、储水湿地与道路等景观要素融合（图 2-16）。值得提及的是，红

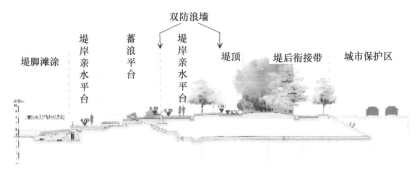

图 2-15 广东绿色生态海堤典型断面结构（改自陈俊昂等，2021）

沙环岸段生态海堤在 2014 年经受了百年一遇的"威马逊"台风正面袭击，但受到的破坏却较少（范航清等，2017）。然而，受多种因素影响，该项工程仅达到预期的 40%左右。生态海堤成本较传统海堤提高了至少 50%，多项生态建设内容未落实。例如鱼礁缺乏科学设计而解体，原有半红树林被清除，乡土滨海树种被替换（采纳率仅 15%），以及潜在生态风险上升（外来物种占比 42%）（范航清等，2017）。此外，北海滨海国家湿地公园将陡墙式海堤改造为斜坡海堤，利用生态袋和植物发展"柔性海堤"，通过海堤后退、人工造林形成"海堤-自然林-红树林滩涂"模式，形成集防护、观赏和实用功能于一体的生态堤防（图 2-17）（李丽凤等，2019）。

图 2-16 广西防城港市西湾红沙环生态海堤工程

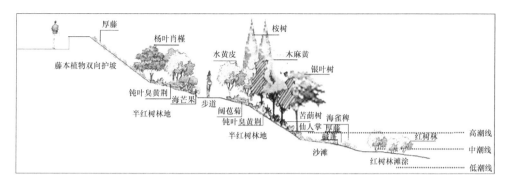

图 2-17 北海生态海堤模式示意图（李丽凤等，2019）

上海"千里海塘"基本囊括沿海堤防及其护滩、保岸与促淤工程。崇明岛生态海堤采用混凝土护坡、生态改造双向辐射。其中堤外是潮间带湿地，分布有芦苇、糙叶苔草、互花米草、蔗草及海三棱蔗草等植物；堤内有植被护坡与防护林（图 2-18）。芦苇拦沙促淤效果显著，人工收割促使芦苇生长更加旺盛（Hansson and Fredriksson，2004），对保滩促淤、防风消浪起到积极促进作用。此外，上海市堤防（泵闸）设施管理处还实施了"三年行动计划"，对堤防进行全覆盖、全过程、全天候及全寿命周期的智能精细化管理，并将公众参与广泛纳入管理体系，极大提升了堤防安全水平（杜静安，2018）。

图 2-18 崇明岛生态海堤

第三章　崇明岛海堤前沿滩涂侵蚀风险

3.1　历史变迁和地理概况

3.1.1　历史变迁

长江口崇明岛是我国最大的河口冲积岛和沙洲岛，全国第三大岛。崇明岛东西长约 80km，南北宽 13～18km，面积 1269.1km²。其位置为东经 121°09′30″～121°54′00″，北纬 31°27′00″～31°51′15″。崇明岛形如卧蚕，地处长江入海口，三面临江，东接东海，南以长江分汊河段南支、南港及南槽与江苏常熟、太仓和上海嘉定、宝山及浦东隔江相望，北以长江分汊河道北支与江苏海门及启东隔江相望（图 3-1）。崇明岛的形成有着复杂的历史过程，长江带来充沛的入海泥沙堆积于此，涨潮流也会携带先前入海的泥沙沉降于此。

如前所述，崇明岛是长江河流入海径流、东海潮流及波浪等多重耦合作用引起的流域泥沙堆积于东海之西的产物。通过两千多年的动力与泥沙影响，崇明岛由沉积于水下沙洲到出露水面，最终形成当前的河口沙岛，中间经历了极其复杂的沙洲变迁、岸滩崩塌和淤涨过程（图 3-2）。早在公元前 200 年左右（汉代），长江入海泥沙进入河口地区，河口如东尚有狼山，崇明岛尚未出露水面，为水下浅滩。618～626 年（唐代）期间，如东以东海区淤涨并出露水面两个沙洲，沙洲根据方位分别命名为东沙与西沙。西沙与东沙相隔约 70km。随后 500 年期间，河口的两个沙岛——东沙和西沙相继坍没。1025 年（宋天圣三年），东沙西北方向伴随西沙不复存在时，开始涨出一个新沙，因姚、刘两个姓氏的人在此定居而得名，称姚刘沙（陈吉余，2007）。1101 年姚刘沙东侧出现一个沙体，该沙体经过三次叠涨而成，故称为三沙。1222 年曾在三沙上建天赐盐场，在 1277 年即元代期间该沙洲初建崇明州城。三沙在 1506～1521 年与姚刘沙连成一片，由于动力条件不断变化，姚刘沙沙岛很不稳定，最终在摆荡中坍没，在 1529 年县城迁移到三沙马家浜，但约 20 年后（明代，约 1550 年）三沙坍没（图 3-2）。

在宋代经元代到明朝期间，即 1271～1368 年（元代），三沙及姚刘沙都不断向北淤涨，其附近相继出现过多个小沙洲（周之珂和季金安，1989）。但到明代时，这些沙洲不断合并或坍陷，直至 1644 年左右，崇明岛在淤涨过程中连成东起高头沙、西至平洋沙的一个长宽 5：1 的大沙岛。1644 年（清代顺治年间）以来，

分省（区、市）地图—上海市

　　　　　　　　　　　　　　　　自然资源部 监制

图 3-1　崇明岛区域位置示意图

崇明岛周边不断出现如日隆沙、平安沙等 30 余沙体，到清末，全岛周边沙体多达
60 余处（周之珂和季金安，1989），随后因人类活动筑堤修坝等，部分沙体通过
自然淤涨及人类活动而被圈连与崇明岛一体，最终形成崇明岛（图 3-2）。

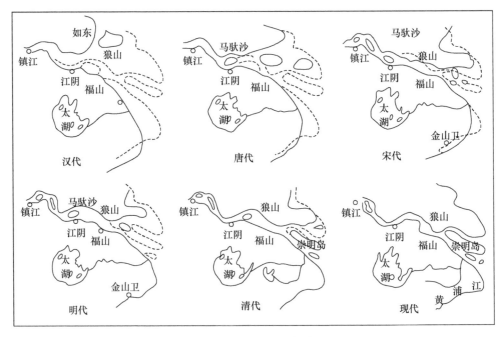

图 3-2　崇明岛历史变迁过程（恽才兴，2004）

3.1.2　地质、地貌及水文气象概况

　　崇明岛普遍被第四纪疏松地层覆盖。其中最古老的地层是岛西北部庙镇到草棚镇位置海面以下三四百米深的紫红色石英砂岩、灰黑色粉砂质泥岩等。其他区域则是侏罗纪上统中酸性火山熔岩和火山碎屑岩。崇明岛新构造单元属于江苏滨海拗陷南缘。岛内覆盖超过三百米厚的新第三纪和第四纪地层。其中新第三纪地层岩性以灰绿色黏土、亚黏土与砂砾石为互层，厚度 60～130m（周之珂和季金安，1989）。第四纪地层厚度 320～350m，自下而上海相趋于加强而陆相趋于减弱。此外，全新统崇明岛沉积为冰后期沉积，基本是距今 1 万年以来的河口滨海或三角洲沉积，底界埋藏深度一般在 45～62m（周之珂和季金安，1989）。

　　一万年以来伴随长江入海径潮流、波浪及泥沙耦合，特别是近两千年作为长江流域带来丰沛泥沙在口门沉降堆积而成的大型冲积岛，在强劲潮流及波浪影响下容易冲刷，从而影响海岛的垂向加积。故崇明岛整体地势相对低平，海岛无山岗丘陵。西北和中部地势略高，西南和东南略低，地面高程基本在 3.5～4.0m（图3-3），约占整个海岛面积的 90%以上。此外，岸堤及沿岛周边分布的土堆标高基本是 6.0m 以上，所占海岛面积不到 2%。

　　崇明岛河网密布。其中崇明水网主要由洪、港、滧、河及沟组成。一般而言，

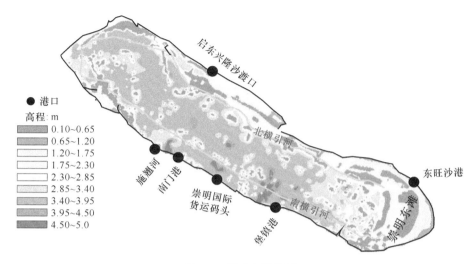

图 3-3 崇明岛地势图

经由径流或洪水冲刷沙洲形成的通道称为洪，经由潮流或潮汐涨落形成的汊道口用于停放船只称为港或溆。同时在岛内经人工挖掘成渠的称为河，而由人工挖掘的田间水道则为沟（周之珂和季金安，1989）。崇明河网有 1.7 万条河道，总长度逾万公里，到目前已形成主干河道"一环八纵"、次干河道"一横十六纵"的格局（图 3-4）。其中主干河道的一环为环岛运河，包括南横引河、北横引河及团旺河，八纵为庙港、鸽龙港、老溆港、新河港、堡镇港、四溆港、六溆港、八溆港。但在清朝及民国年间，海岛通江干河 80 多条，在新中国成立后经河道整治，骨干河道 32 条，总长 445km。南北横引河总长约 120km，30 条南北向干河自东向西排列，并有 600 多条横河与其相交。横河间同时分布有 15 000 多条沟，沟沟相间 100m（周之珂和季金安，1989）。崇明水系通过闸口和新桥水道、北支及北港相通。一般在农忙灌溉用水期间将开闸引淡水，而在台风风暴期间则开闸将水位降低。岛内正常水位一般控制在 2.6m 以下。该区域为正规半日潮，平均潮差约 2.6m，平均最大潮差可达 4.45m，历史最大潮位可超过6m，平均最小潮差约 0.18m。

此外，崇明岛年平均气温约 15.3℃，月均气温以 1 月为最低，而 7 月为最高。东部年平均气温略高于西部。整个海岛四季分明，夏季湿热，冬季干冷，海岛夏季盛行东南风，冬季盛行偏北风，属于典型的季风气候。海岛年平均降水量约1000mm，季节性变化相对明显，降水主要集中在 4～9 月份，平均每月降水量都超过 100mm，降雨量最大的是 6 月，降雨量最小的为 1 月。影响海岛的灾害性气候主要包括台风、暴雨及干旱等。

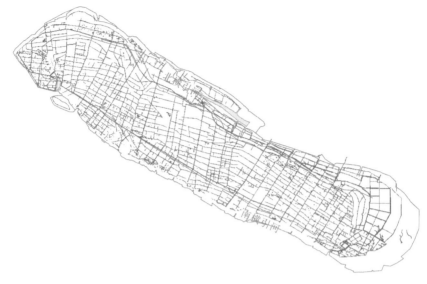

图 3-4　崇明岛水系分布图

3.1.3　海塘（堤）建设概况[①]

　　崇明岛位居长江入海与东海交汇处，自形成 1300 年来就一直经受各种应力，尤其是大洪水、天文大潮及台风风暴潮等极端灾害动力的影响，沙岛岸滩侵蚀或冲刷现象时有发生。作为泥沙堆积形成的沙岛，假定没有工程护岸，沙岛在极端水文事件的影响下发生大的塌陷是极为正常的。因此，崇明岛的演变实质也是人类为抗争自然而构建海塘或海堤护岸的历史，事实上，环岛周边标高超过 4m 以上的土堆或海堤即为明证。

　　崇明岛的堤防工程主要是江海堤防工程。较早有官方历史记录的是，1593 年左右，当地知县孙裔兴曾在吴家沙修筑海堤用来抵御海潮。随后，知县卢复元先后在新镇沙、吴家沙、孙家沙、袁家沙、响沙及南沙等地构建长 25km 的北洋沙堤。1645 年，崇明知县刘纬于平洋沙、东大阜沙交界处修刘公堤。1655 年，知县陈慎进一步在此处筑约 4.5km 的文成坝。1762 年，知县赵廷健修建长约 50km 的赵公堤。1838 年再筑平安沙坝。1906 年，自杨家沙到惠安沙构建长 44.8km 的杨惠沙坝。

　　随后在 1935~1946 年，先后修补城南和协平乡沿岸江堤、青龙港口江堤、城北富农乡江堤。截止到 1949 年，崇明岛共有江堤与海堤 178km，除城桥、堡镇江堤堤顶高程为 6m，堤面宽 3m，内坡 1∶1.5，外坡 1∶2（沈新民和宋祖契，1986）。

---

① 该节文字部分来自：戴志军，朱建荣，葛建忠，谢卫明. 2020. 风暴潮现状、风险与防灾措施. 见：孙斌栋.崇明世界级生态岛绿皮书 2020. 北京：科学出版社，p179-186.

1949 年至今，海堤着重于培修、加高及重建，根据修建的年份大致分为四个阶段（图 3-5）。

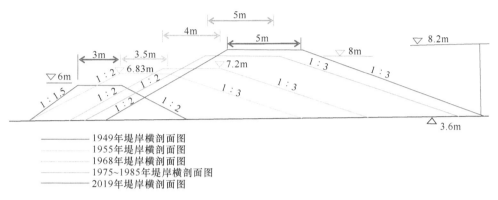

图 3-5　崇明岛不同年代典型堤岸横剖面结构图（孙斌栋，2020）

第一阶段是"六三"海堤（堤顶高程接近 6m，堤面宽度接近 3m）。1950～1952 年，当地政府在南沿构建堤顶高程达到 6.48m 的海堤，覆盖海堤长度 80%，剩余 20%的堤顶高程达到 5.82～6.12m，面宽 3.5m 左右（周之珂和季金安，1989）。1955 年政府在原有基础上持续加高加固海堤，致使海堤堤顶高程达到 6.83m，外坡 1：3，内坡 1：2。1959～1963 年，崇明岛环岛 212.94km 堤岸都进行了培修，堤顶高程达到 7.2m，堤顶面宽 3.5～4m（周之珂和季金安，1989）。

第二阶段是"七四"海堤（堤顶高程接近 7m，堤面宽度接近 4m）。根据 1968 年设定的"四统一"，在 1968～1971 年进行培修海堤，其中堤顶高程 7.2m，顶宽 4m，外坡 1：3，内坡 1：2。

第三阶段是"八五"海堤（堤顶高程接近 8m，堤面宽度接近 5m）。1974～1977 年，崇明岛进一步培堤 187.6km，完成土方 579.22 万 m^3，使全县沿海一线海堤大部分达到"八五"标准，即堤顶高程达 8m，面宽 5m，外坡 1：3，内坡 1：2。

第四阶段是"达标"海堤（达到 100 年一遇标准的海堤）。通过采用混凝土护坡，加上白色堤顶保护工程，使海塘工程防洪标准提高到 100 年一遇。自 1998 年以来，南沿已建混凝土达标海堤 101.68km（沙文达等，2008）（图 3-6），基本为"达标"海堤。

此外，环崇明岛海堤内外还种植柳树、桑树及芦竹等以抵御台风或风暴潮。其中 1963～1965 年，崇明岛南沿向化镇、庙镇东、堡镇西等区域堤内内坡先后种植刺槐 4000 株、3000 株及 2000 株。1965～1985 年，崇明岛一线江海堤内青坎总面积 171.43hm²，种植水杉 19.3hm²、杂树 2.8hm²、芦竹 34.47hm²、柳树 54.67hm²；

内坡总面积 167.65hm², 种植水杉 41.16hm²、杂树 36.25hm²、芦竹 63.19hm²。1986～2001 年, 全岛堤防绿化面积高达 702.28hm², 种植树木 1 006 961 株。截止到 2018 年, 崇明种植的水杉高达 5m 以上。

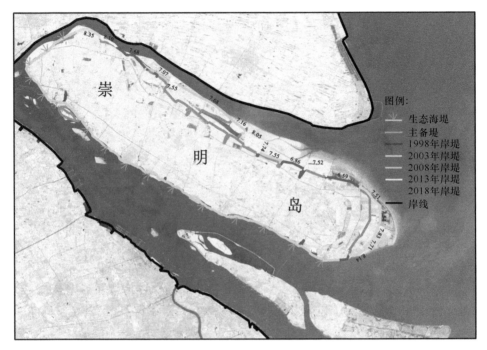

图 3-6　崇明岛海堤分布
图中数字表示平均堤高

　　特别有必要指出的是, 崇明岛环岛海堤在很大程度避免了岛内社会、经济及财产受到损伤。然而, 海堤仍存在诸多风险, 这主要包括: ①地面沉降问题。崇明岛既然为砂质沉积, 加上岛内居民抽取地下水, 其地面沉降不可回避。当前崇明岛西侧岸段基本处于抬升状态, 而崇明岛南侧为人口聚居区, 高强度人类活动导致其缓慢沉降 (陈勇等, 2016), 这就在很大程度上容易引起目前达标工程的混凝土海堤发生开裂, 深远影响海堤的稳定, 一旦遭遇台风大浪, 海堤则容易倒坍。②长江入海泥沙急剧减少, 环岛堤外滩涂目前已可能出现淤积减缓或由淤转冲, 特别是长江河口演变的基本模式是北淤南冲 (恽才兴, 2004)。崇明岛南侧滩涂本身就较窄, 特别是除青龙港和庙港等崇明岛西北和西南部分区域滩涂出现明显淤积, 其他区域基本处于冲淤平衡状态, 在崇明岛东滩局部则出现略微侵蚀的局面。加之长江口相对海平面处于上升态势, 滩涂很可能会出现全线冲刷, 这必将对崇明岛海堤堤身稳定构成严重威胁。③崇明岛海塘结构及防护能力较弱。目前崇明岛海塘主要为土质大堤和混凝土护坡相结合。其中仅仅在崇明岛南侧人口聚居区包括庙港、城桥及新村乡等堤高超过 8m，大部分海塘堤高小于 7.5m，而且海塘结构工程强度不足，新建海塘主要采用砂性土筑堤，堤身结构以吹泥（砂）管袋为内外棱体、中间吹填堤芯砂，外坡以灌砌块石、异形块体、栅栏板等形式消浪护面，堤顶设防浪墙，内坡通常以草皮护坡。新建海塘如果外坡发生损坏，内坡受到阻冲、充填袋破损或反滤层破裂、管袋破损，一旦遭遇风暴潮或台风作用，海塘发生溃堤的概率要超过老式海塘，其潜在风险很大。一旦遭遇百年一遇大浪，堤身恐难以抵御高能量袭击而引起自身受损。1997 年 11 号台风"芸妮"袭击崇明，南沿 112.033km 的一线海塘首当其冲，受损 99 处，长 19.0km。普遍小于 8m 的堤高，更难抵御百年一遇大浪加 11 级大风的侵袭。④海平面上升与风暴潮。据《2018 年中国海平面公报》，我国自 1981 年以来沿海海平面具有明显上升趋势。上海及长江口邻近地区在 2030 年相对海平面可能上升 10～16cm。如考虑波浪作用，这亦将对海塘结构稳定和堤高提出新的要求。

3.2　滩涂植被变化状态

宽广的滨海滩涂湿地不仅提供生物重要的栖息场所，同时也是全球最为重要的碳存贮区。尤其是，给海岸海岛海堤提供关键消浪和缓流作用以防御洪水大浪。基于《拉姆萨尔公约》，滨海湿地主要是指低潮时水深不足 6m 的水域及其沿岸浸湿地带，包括潮间带（或洪泛地带）和沿海低洼地带。崇明岛作为世界上最大的冲积岛，其堤外所在的长江口湿地和潮滩能提供包括缓冲潮汐冲击和候鸟栖息地等许多重要的生态服务。由于其独特的资源、优美的风景和毗邻上海的优势，崇明岛也是引人注目的旅游目的地，并能维持重要的农渔业经济。

3.2.1　崇明岛滨海湿地生物地貌特征

崇明岛滨海盐沼湿地是我国最普遍的湿地类型之一，主要由潮间带盐沼植被群落和光滩组成。由于充沛的长江入海高浊度悬浮泥沙影响，崇明岛发育形成了较为宽阔的淤泥质潮滩。因其所处长江淡水与东海海水交汇处的北亚热带，发育的盐沼湿地植被种类及类型主要是芦苇、藨草等。在此做一简述。

芦苇（*Phragmites communis*）群落（图 3-7a）：这是分布在崇明岛海堤前沿的植被，基本处于中高潮滩，芦苇以占绝对优势的单优势群落在崇明岛沿岸分布。芦苇通常高达 1～3m，植株直径平均 10mm，最宽可达 14mm。生长于中高潮滩的芦苇生命力强且生长迅速，地下根茎发达。该群落植株密集，盖度可达 70%～90%。群落结构简单，季相极为明显，即在冬天芦苇展现枯黄，而到春天则一片碧绿，夏天为芦苇花期，花絮紫红色，秋天为果期。受控于土壤特性、地貌高程

图 3-7　崇明岛滨海湿地典型植被类群
a. 芦苇；b. 海三棱藨草；c. 藨草；d. 互花米草

及芦苇特性，其他植物往往无法与芦苇竞争而被排斥，仅在芦苇群落向海边缘分布海三棱藨草、藨草、水莎草及糙叶苔草等植物。芦苇地上部分生物量可达 2222g（干重）·m^{-2}，地下部分生物量可达 2900g（干重）·m^{-2}。中偏高潮滩为芦苇群落的生境，该区域潮水淹没时间和次数均极少，较高处仅特大潮高潮位时才被淹。

海三棱藨草（*Scirpus mariqueter*）群落（图 3-7b）：该群落结构简单、秆散生且三棱形，平均株高为 25～60cm，盖度 20%～80%。海三棱藨草主要生长于中潮滩，地上生物量为 435～1000g（干重）·m^{-2}。群落季相明显，冬季枯黄、春季碧绿，其中 8～10 月为花果期。海三棱藨草平均每平方米小坚果重量达 100g 左右，每公顷可达 1000kg 以上。海三棱藨草地下球茎发达，通常深度在 10～20cm，甚至为 30cm，根状茎延伸速度较快，常可发展成大片群落，对促淤涨滩有积极作用。此外，海三棱藨草的地下球茎和小坚果富含淀粉，营养价值高，且略有甜味，是鸟类喜爱的重要食物来源。

藨草（*Scirpus triqueter*）群落（图 3-7c）：藨草叶面有横向银灰色条斑，叶背有白粉，缘有小锯齿，复穗状花序从叶丛中伸出，小花序扁平。秆散生，粗壮，部分呈三棱形，平均株高为 20～70cm，盖度为 50%～90%。季相明显，冬季枯黄，春季碧绿，6～9 月为花果期，8 月开始结籽。匍匐根状茎长，直径 1～5mm，干时呈红棕色。藨草的地上部分鲜重较高，小坚果生产量大，是越冬鸟类的重要食饵。

糙叶苔草（*Carex scabrifolia*）群落：主要分布于崇明岛东部团结沙，与芦苇群落相嵌分布。群落主要成分为糙叶苔草，每年3～6月为花果期，群落中也有芦苇、海三棱藨草、藨草，其中芦苇多自然生长，藨草和海三棱藨草是被糙叶苔草演替替代后残留下来。随着滩地淤高，藨草和海三棱藨草将逐渐消失匿迹。该群落常呈岛状生长，面积不大，通常约数百平方米。盖度可达70%，平均高度在24cm。

结缕草（*Zoysia japonica*）群落：主要分布于崇明岛东北部东旺沙。生长在紧靠海堤外侧的潮上滩，只在特大潮位时，被间歇性地淹没。群落呈岛状分布，面积较小。植物种类以结缕草为主，其他种有芦苇、马兰等。群落高度通常平均为12cm，盖度为40%。季相明显，冬季枯黄，春夏为花果期，生产量较低。匍匐茎发达，可长达数10cm。

除土著滨海湿地植物，崇明岛海岸还存在互花米草（*Spartina alterniflora*）这一外来物种（图3-7d）。互花米草是禾本科米草属植物，原产地为北美洲与南美洲的大西洋沿岸。互花米草植株健壮，平均株高约1.5m，最高可达3.5m，茎秆粗壮，直径约1cm以上。地下部分包括长而粗的地下茎和短而细的须根，根系发达，密布于30cm深的土层中。花期为7～10月。20世纪90年代中期，为充分利用长江入海泥沙资源，加快滩涂淤涨成陆，在崇明岛东部东滩湿地等区域陆续引进种植了互花米草。由于互花米草根系庞大，植株生长稠密，具有"一年成活，两年长沸，三年外扩"的特点，扩散速度是芦苇等土著物种的3～5倍。同时互花米草繁殖通常为近距离传播和营养繁殖，前者在互花米草成片生长的地方，种子萌发是互花米草扩展的主要方式；后者主要通过植株根状茎蔓延扩散，顶端形成次级植株，繁殖速度极快。这就导致互花米草目前已经成为崇明岛沿岸的优势物种。

3.2.2 植被群落分布特征

利用2016～2018年崇明岛卫星影像资料，结合实地探查调研，进行滨海湿地要素解译。由结果可见（图3-8），崇明岛（主岛）沿岸滨海湿地植被类群可分为芦苇群落、互花米草群落、藨草/海三棱藨草（形态相似）群落、乔木/芦苇混生群落和乔木群落。

土壤盐度是控制滩涂湿地植被分布的关键因素之一。根据对崇明岛沿岸潮滩沉积物盐度进行观测，发现其存在较明显的盐度分布差异（图3-9）。岛区南部和西部受南支和新桥水道落潮优势流控制，潮滩沉积物盐度较低（100～350mg/L）。而岛区东部和北部由于临近入海口，区域以涨潮优势为主的咸水控制，这就导致潮滩沉积物盐度相对偏高（300～800mg/L）。

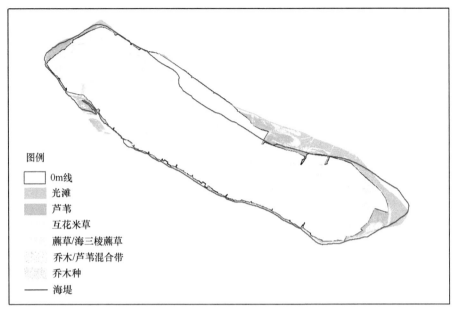

图 3-8 崇明岛滨海湿地植被类型分布

图例
□ 0m线
光滩
芦苇
互花米草
藨草/海三棱藨草
乔木/芦苇混合带
乔木种
—— 海堤

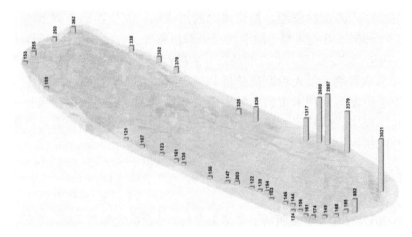

图 3-9 崇明岛沿岸潮滩沉积物盐度空间分布差异
图中数字表示土壤盐度（mg/L）

滨海湿地生态系统作为海岸防护体系的第一道防线，湿地植物不仅能够抗风消浪，又能够加速滩地淤高和向海伸展，使面积不断扩大和抬升，从而达到巩固堤岸的效果。不同的植被带宽度的消浪能力有较大差异。相关研究提出，20～50m宽（纵深）潮滩草本植被带消浪率最高可达 70%，50m 以上宽度的高大植被带可以抵消几乎全部的常规波浪能量（葛芳，2018）。通过对崇明岛堤防岸线潮滩植被带宽度进行测量（图 3-10，图 3-11），统计出整个岛区潮间带植被带宽度在 20m

以下的岸段占 24%，在 50m 宽度以下的岸段占 31%，其中崇明岛区南部和北部岸线植被带较窄的区域较多（表 3-1）。

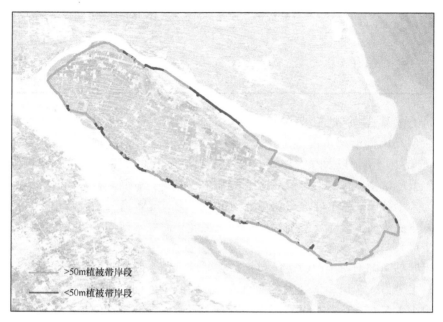

图 3-10　崇明岛堤防岸线潮滩植被带宽度分级（大于和小于 50m）与分布

图 3-11　崇明岛堤防岸线潮滩植被带宽度分级（大于和小于 20m）与分布

表 3-1　崇明岛堤防岸线潮滩植被带宽度分级

区域	岸线长度（m）			
	>20m 植被带	≤20m 植被带	>50m 植被带	≤50m 植被带
南部	54 651.08	27 148.03	48 989.65	32 811.57
西部	32 680.3	3 120.66	31 620.61	4 178.17
北部	63 143.33	18 252.16	52 981.23	28 408.91
东部	22 428.01	4 955	22 127.91	5 261.02

（1）南部滨海湿地植被类群

崇明岛南部沿岸滨海湿地植被类型有芦苇群落、蔍草/海三棱蔍草群落、乔木/芦苇混生群落，以及乔木种类占优势的群落（图 3-12）。芦苇和蔍草群落大多为原生湿地植物。乔木主要包括杨树、柳树、水杉、落羽杉等，分布在海堤内侧，大多为人工种植。芦苇群落在潮滩上分布较广泛，蔍草/海三棱蔍草由于与芦苇之间的竞争劣势而多分布于地势较低的潮滩生境。而乔木植物多生长于地势较高的潮滩生境。

崇明岛南部沿岸主要建成区包括最大的城桥镇、新河镇和堡镇，而且沿岸建设有较多港口、客运和货运码头、船坞等。因此，南部沿岸滨海湿地植被带总体上较窄，大多在 50～300m 宽度内，而且较多岸段没有植被生长，为地势低洼的光滩地貌。

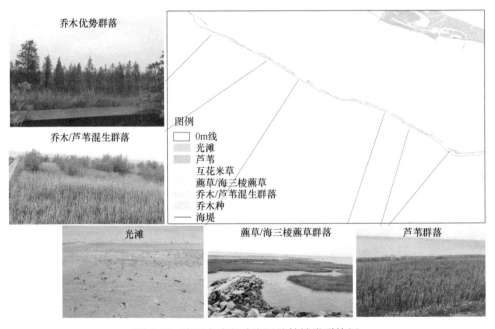

图 3-12　崇明岛南部滨海湿地植被类群特征

（2）西部滨海湿地植被类群

崇明岛西部位于长江口上游，沿岸滩涂基本上为淡水环境，盐度较低。除原生芦苇群落，还混生有较多淡水湿地物种（解译图未标出，与芦苇群落合并），如水烛、一枝黄花、马兰、野茭白、香蒲、海滨木槿等。西部滨海湿地植被带较宽，最大可达 800m，植被盖度在 70%以上，生物量也较大。此外，人工种植的乔木物种，如旱柳、落羽杉和水杉等也能够较好的生长（图 3-13）。

区域内的崇明西沙湿地是国家级湿地公园，具有丰富的湿地生物地貌，包括芦苇丛、盐沼、泥滩、湖泊、内河等不同的湿地形态。西沙湿地植被群落组成由陆向海以人工林—灌丛—高草挺水植物—低草挺水植物群落呈带式分布，植物优势种有芦苇、香蒲、野茭白、苔草、马兰、糙叶苔草，以及人工种植旱柳、落羽杉等。

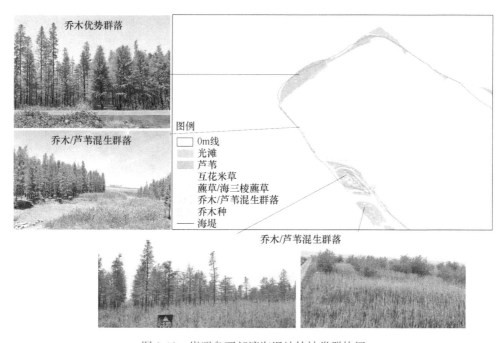

图 3-13　崇明岛西部滨海湿地植被类群特征

（3）北部滨海湿地植被类群

崇明岛北部沿岸潮滩植被大多数分布于北湖区域，为互花米草和芦苇混生群落（图 3-14）。由于北湖湿地潮滩泥沙沉积速率较高，潮滩发育较快，使得植被生长和扩张速度也相应较快，最大植被带宽度可达 4000m。北湖以东区域主要分布海三棱藨草群落，其植株较低矮且分布稀疏。部分岸段为无植被的光滩生境。

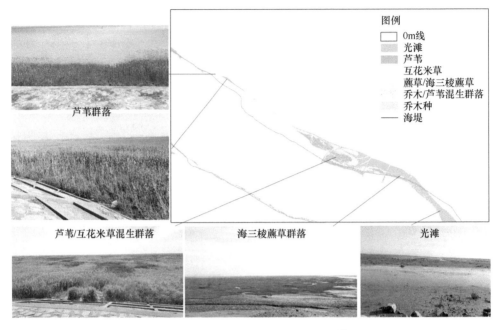

图 3-14 崇明岛北部滨海湿地植被类群特征

（4）东部滨海湿地植被类群

崇明岛东部沿岸为崇明东滩自然保护区，区域内拥有保存最为完整的自然滩涂、潮间带地形地貌和原生植被群落（图 3-15）。崇明东滩保护区南起奚家港，北至北八滧港，西以 1968 年建成的围堤为界限，东至吴淞标高零米线外侧 3000m 水线为界，仿半圆形航道线内属于崇明岛水域、陆地和滩涂。崇明东滩保护区面积为 326km²，其中在堤外滩涂面积为 265km²，属于长江口典型河口滨海湿地。

崇明岛滨海湿地植被群落演替与潮滩形成和发展过程密切相关，其中植被沿高程分布一般模式如图 3-16。群落的演替模式决定于滩涂高程的变化。其基本演替模式是：原生裸地（光滩）→海三棱藨草群落（或藨草、糙叶苔草群落）→芦苇群落。这种植被分布模式在崇明岛滨海湿地具有广泛的代表性。但由于各小区域受河势、潮情及泥沙捕集等影响而导致滩涂性质不尽相同。总体而言，崇明岛滨海湿地滩涂可分为淤涨型滩涂和侵蚀型滩涂两类。对于淤涨型滩涂，如捕鱼港和东旺沙等，演替各阶段的典型植被类型较为完整，生长良好，植被带较宽（> 1000m）。而在侵蚀型滩涂，如团结沙南部，植被带较窄，植被群落结构演替并不完整。

3.2.3 植被生长对滩涂泥沙沉积的影响

为了观测滨海湿地植被生长对潮滩泥沙沉积的作用，在崇明岛沿岸选择两条

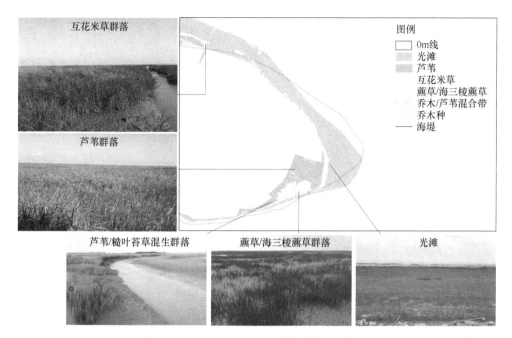

图 3-15　崇明岛东部滨海湿地植被类群特征

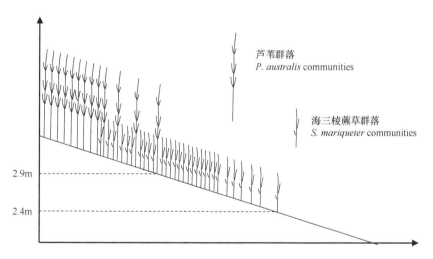

图 3-16　崇明岛滨海湿地植被沿高程分布模式

平行观测样带（图 3-17），两条样带位于不同的高程区域。在每个样带中设置 4～5 条监测样线，每条样线设置 20～25 个观测点，在研究样地由陆向海方向插入长度为 1.5m 的 PVC 管作为冲淤监测点，每个监测点间距 15～20cm。随后对这两个研究样带进行逐月或季节性地监测潮滩泥沙沉积动态（胡梦瑶，2020）。

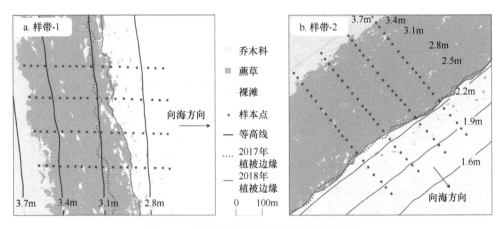

图 3-17 潮滩植被和泥沙沉积动态观测点

样带地貌高程（基于吴淞高程基点）的观测使用基于全球导航卫星系统（global navigation satellite system，GNSS）下的连续运行站网和卫星定位服务系统（continuous operational reference system，CORS）的网络 RTK 技术（real-time kinematic）以确定观测样地地貌变化。最初露出的杆长作为参考值（零点），基于最初的参考值计算潮滩的沉积/侵蚀速率和绝对高程变化。观测结果表明在潮滩植物的生长季初期（3～7 月）和高峰期（7～11 月），两条观测带同一高程范围下的有植被样点和无植被样点的滩面淤积状态。其中在生长季初期植被生物量和密度较低的时段，高程较高的观测带（样带-1）泥沙淤积相对稳定，滩面平均侵蚀量为 0.5cm；各高程范围有植被滩面平均侵蚀量均小于无植被滩面侵蚀量；在高程范围为 2.8～3.1cm 的滩面，有植被滩面净淤积量为 12cm，而无植被滩面净淤积量约为 1.3cm（图 3-18）。就滩面整体而言，样带-1 潮滩有植被样点平均淤积量为 2.8cm，无植被样点为–2.6cm。在高程较低的样带-2，滩面以侵蚀为主，滩面平均侵蚀量为 2.5cm。在>2.8m 高程区域净淤积量为 4.6cm，其他高程范围为侵蚀，有植被样点平均侵蚀量小于无植被样点。整体来看，有植被样点平均淤积量为 0.9cm，无植被样点平均侵蚀高度为–6.3cm，植被对滩面泥沙的维持具有显著作用。

在植被生长高峰期（7～11 月），样带-1 滩面整体呈现泥沙大量淤积的态势，平均淤积量达 7.5cm。各高程范围有植被点平均淤积量均高于无植被样点（约 1.45 倍），其中滩面高程范围为 3.4～3.7m 和 2.8～3.1m 的泥沙沉积量差异显著。样带-2 区域滩面平均淤积量为 3.0cm；在 2.2～2.8m 高程范围，滩面呈淤积态势；在 1.9～2.2m 高程范围则为侵蚀。样带-2 潮滩有植被样点平均淤积量为无植被样点的 7.8 倍，植被的促淤作用显著。

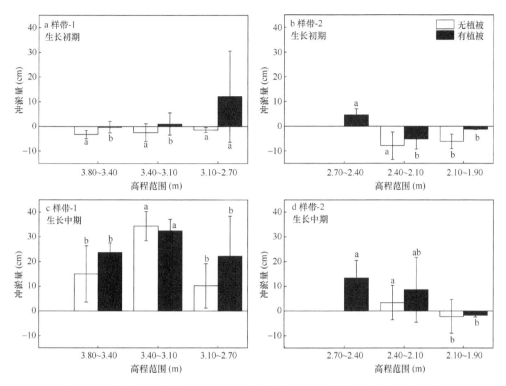

图 3-18　样带-1 和样带-2 的不同高程不同植被生长期的滩面泥沙冲淤变化
图中字母代表差异显著性，后同

　　进一步统计分析潮滩泥沙沉积量（相对高程值）与植被密度和植被地上生物量的关系（图 3-19，图 3-20）。其中样带-1 的植被生长中期和样带-2 的植被生长初期和中期，泥沙冲淤量与植被密度之间存在显著线性关系，样带-2 生长初期的相关关系极显著（$P < 0.01$）。在植被生长初期和中期，样带-1 和样带-2 的泥沙冲淤量与植物地上生物量之间存在显著线性关系。随着植被密度和地上生物量的季节性增长，泥沙的淤积量也随之增加。在生长初期，图 3-19a 和图 3-20b 显示样带-1 植被密度范围在 60～1400 株/m²，地上生物量范围在 0.96～96g/m² 之间，当密度低于 500 株/m² 且地上生物量低于 42g/m² 时，潮滩平均侵蚀量约为 7cm；当植株密度达到 700 株/m² 且地上生物量达到 90g/m² 以上，潮滩平均侵蚀量下降为 2cm。图 3-19c 和图 3-20c 显示样带-2 生长初期植被密度范围在 150～3400 株/m²，地上生物量范围在 0.8～160g/m² 之间，当密度小于 1000 株/m² 且地上生物量小于 40g/m² 时，样点滩面呈侵蚀，平均侵蚀量约为 8cm；当植被密度高于 2000 株/m² 且地上生物量达到 72g/m² 以上，潮滩泥沙开始呈淤积状态约为 3cm。

　　在生长中期，图 3-19b 和图 3-20b 显示样带-1 的植被密度范围在 450～2400 株/m²，地上生物量范围在 75～800g/m² 之间。当植株密度低于 750 株/m² 且地上生物量低于 100g/m² 时，潮滩呈侵蚀状态，平均为 6.5cm，当密度达到 1650 株/m² 且地上生物量高于 430g/m² 后，潮滩平均淤积量为 13cm。图 3-19d 和图 3-20d 显示样带-2 的植被密度范围在 230～3200 株/m²，地上生物量在 6.5～270g/m² 之间，当植株密度小于 550 株/m² 且地上生物量小于 54g/m² 时，潮滩呈侵蚀状态平均为 4.5cm，当密度达到 1500 株/m² 且地上生物量高于 142g/m² 后，滩面泥沙冲淤动态相对稳定。

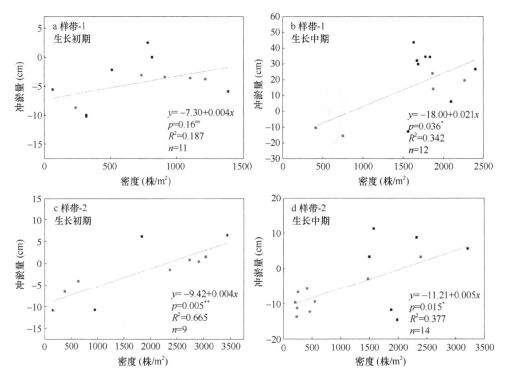

图 3-19　样带-1 和样带-2 在植被生长初期和生长中期泥沙冲淤量与植被密度的关系
*代表差异显著（P<0.05）；**代表差异极显著（P<0.01）；ns 代表无显著差异（P>0.05）；后同

　　显然，当植株密度和地上生物量增加时，均可以起到稳定滩面，促进泥沙淤积的作用。这种现象的产生，可能是因为随着蔗草属植被的生长，密度和生物量增加，水流与植被的摩擦作用比在光滩上更大，植被的捕沙作用和缓流作用随之增强，所以滩面的沉积动态得以改变。潮滩泥沙沉积还与植物的生长周期有关。Shi 等（2014）通过评估长江河口湿地潮间带泥滩和盐沼对潮汐淹水的形态动力学响应，发现在一个潮汐周期中，净侵蚀和净沉积在光滩上交替出现。李华和杨世伦（2007）的研究发现，崇明东滩湿地滩面在植被的生长季节（4～10 月）持续淤涨，累计淤积超过 20cm；而在非生长季，先锋植物逐渐枯死腐烂并被潮水冲

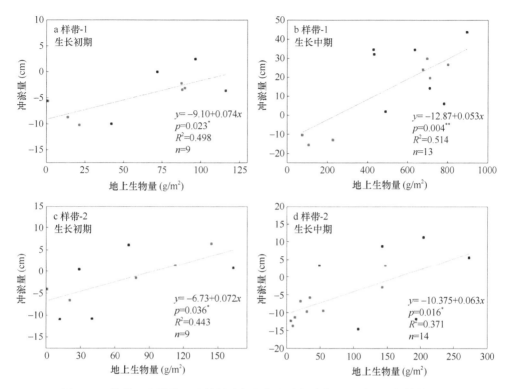

图 3-20　样带-1 和样带-2 在植被生长初期和生长中期泥沙冲淤量与植被地上
生物量的关系

刷，滩面变为光滩，泥沙停止淤积甚至发生侵蚀。Marani 等（2010）认为潮滩植被起沉积作用的关键因素是波浪衰减而不是泥沙捕获，总无机沉积通量在正常的泥沙供应受限制的条件下很大程度依赖于植被有机沉积物（凋落物）的产生通量。

3.2.4　植被对潮滩沉积物粒径的细化作用

滨海湿地潮滩的粒径分布也受多种控制因素的影响，包括沉积物来源、水动力和改变侵蚀/沉积过程的生物因素（Yang et al.，2008）。潮滩表层沉积物粒度的分析对于研究泥沙源汇输移过程、沉积动力环境及其演变有十分重要的意义。按照美国地球物理学会（AGU，1947）的泥沙分类标准对沉积物进行粒度分类，主要包括砂（sand）、粉砂（silt）和黏土（clay）三大类。

崇明岛海岸带潮滩表层沉积物的类型主要为砂质粉砂、黏土质粉砂和粉砂。研究样带-1 潮滩表层沉积物主要类型为黏土质粉砂和粉砂，样带-2 地表层沉积物主要类型为砂质粉砂和粉砂。沉积物粒度分析结果得到，样带-1 的年平均粒径为 $16.91\pm3.4\mu m$，南部潮滩的全年平均粒径为 $47.44\pm3.97\mu m$。图 3-21 显示了样带-1

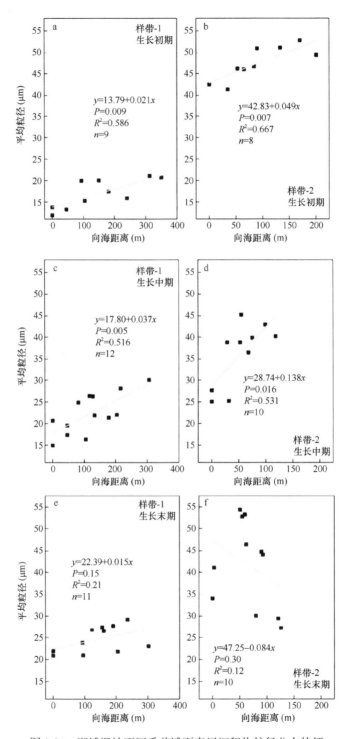

图 3-21 潮滩湿地不同季节滩面表层沉积物粒径分布特征

和样带-2 潮滩表层沉积物平均粒径的时空变化趋势。从植被生长初期到生长末期，样带-1 潮滩表层沉积物平均粒径差异不显著，样带-2 潮滩表层沉积物平均粒径在生长季初期最大。在植被生长初期和生长中期，两处样地的表层沉积物平均粒径均呈现由陆向海方向逐渐变粗的趋势。

简而言之，潮滩沉积物在潮滩上不同区域的时空分布特征与水动力过程及横纵剖面的泥沙运动系统、余流场相互适应、互为反馈。在完整的潮滩剖面中，高潮滩上因为水动力减弱，细颗粒泥沙向岸运动，同时存在差异性的盐沼植被带，致使较细的泥沙颗粒（分选较差）在这样的环境中淤积，到中低潮滩动力逐渐增强、沉积物颗粒逐渐变粗（分选较好），在潮下带特定区域又存在明显的细颗粒泥沙的堆积。我们的样带也展示类似的研究结果。值得提及的是，在长江口潮滩湿地，无植被光滩区的沉积物粒径随着季节和风暴周期循环变化主要受物理因素控制，植被区的沉积物整年维持较细粒径，是受盐沼水动力与植被的生物物理相互作用控制的（Yang et al.，2008）。在光滩底床摩擦导致的水动力向岸衰减、潮滩植被和底床共同摩擦导致的水动力减弱，以及植物茎叶对细颗粒悬沙的黏附作用影响构成沉积物自海向陆变细（李华和杨世伦，2007）。

3.2.5　不同潮间带高程对潮滩植被生长的影响

在样带-1 和样带-2 的各条样线上，按向海方向依次选择 5 个植被采样点，用 25cm×25cm 的样方采集潮滩先锋植物（藨草属植物），将样方内的植物地上部分齐地割取，装入样袋。用直径为 7.5cm 的植物根系取样器取地下深度为 30cm 的植物根系，同时留下表层沉积物，将植物和沉积物样品均带回实验室。将植物带回实验室后，对每个样方内的植物进行计数，结合样方面积计算植被密度。然后用自来水清洗干净，放入烘箱中先在 105℃下杀青 2h 以去除植物体内酶活性，而后置于 60℃下烘至恒重后测定植物干重，并结合样方面积计算单位面积植物地上生物量。将土壤样品置于洁净搪瓷托盘中，平摊 2～3cm 厚，用镊子分离样品中的植物根系，将分离出的植物根系同样先在 105℃下杀青 2h，而后置于 60℃下烘至恒重后测定植物根系干重，结合采样面积计算单位面积植物地下生物量。所有的生物量都用单位面积的植被质量来表示。

根据 2018～2019 年长江口中浚和横沙潮位站（31°06′48″N，121°54′12″E）正点潮高数据，计算崇明岛沿岸不同高程的潮滩平均淹水时间和淹水深度（日平均值）。图 3-22 显示潮滩高程平均淹水时间和淹水深度呈显著负相关关系。

结合图 3-23 潮滩先锋植被在生长季不同时期的存活、扩散或死亡的动态变化，其中在样带-1 的所有高程范围内，有植被的样点数量均增长。在样带-2，高程 2.4～2.7m 范围内的有植被样点数量稳定，而在 1.9～2.4m 范围内，有植被样点数量减少了 71%。这说明，在潮滩平均高程较高的样带-1，植被生长稳定并不断扩散，而在潮滩平均高程较低的样带-2，淹水胁迫过大，导致植物无法存活不能有效增殖扩散。

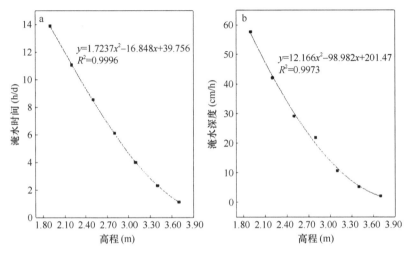

图 3-22　长江口滨海湿地滩面高程与淹水时间和淹水深度的关系

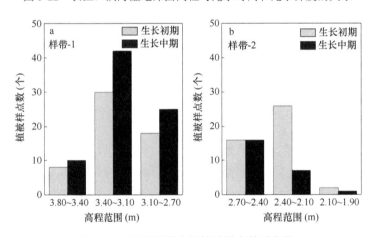

图 3-23　潮滩样带中的植被样点数量变化

此外，样带-1 在生长初期植物株高随着潮滩高程降低（由陆向海方向），分别为 19±3.8cm，20±4.5cm，14±0.8cm；在 3.1～3.8m 高程范围内生长迅速，到生长季中期达到 70cm，而在潮滩最前沿（高程最低区域）植株生长缓慢，株高仅为 19±1.9cm（图 3-24）。样带-2 在生长初期株高在 2.4～2.7m 高程范围最高，为 29cm。整体来看，样带-2 的植被在生长季中期株高也有沿着高程降低而逐渐减小的趋势（图 3-24）。

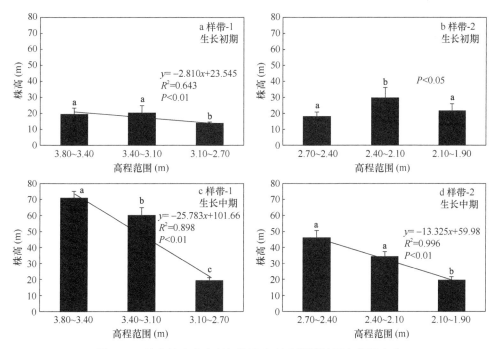

图 3-24　植物株高在生长初期和生长中期随滩面高程的变化

　　除植物株高随滩面高程发生变化，植株密度亦产生类似变化。如图 3-25 所示，样带-1 在潮滩高程 3.4～3.8m 范围内生长的植物在生长季初期植物密度已达到最高且较为稳定，为 2012±302 株/m²；在 2.7～3.1m 高程范围内，植物密度变化最大，从生长季初期平均密度 608±170 株/m²，到生长季中期密度增长为 1872±145 株/m²。整体来看，植物密度在生长季初期沿着高程下降而减小，在生长季中期长势趋向一致，植物密度沿高程降低没有显著差异。样带-2 在生长季初期，植株在高潮滩密度最大，随着高程降低植物密度也逐渐减少；到生长季中期，中潮位潮滩的植物密度增长迅速，从 456±13 株/m² 增长到 1620±320 株/m²。整体来看，样带-2 植物密度在生长季初期和生长季中期沿着潮滩高程下降也逐渐减小。潮滩前沿和高潮滩的植物密度差异显著（$P < 0.01$）。

　　地貌高程的变化也深远影响潮滩先锋物种藨草属植物的地上部分生物量。植物地上生物量沿高程梯度的变化如图 3-26 所示，样带-1 在生长季初期中等高程范围内的植物地上生物量最高，为 503±163g/m²，在 2.7～3.1m 高程范围内则显著减小，仅占中等高程范围内植物地上生物量的 19%。到生长季中期，滩面各高程范围内的植被长势逐渐一致，地上生物量沿高程梯度没有显著性差异。样带-2 在生长季初期地上生物量在 2.4～2.7m 高程范围内最高，达到 148±45g/m²，在 1.9～2.1m 和 2.1～2.4m 范围内生长较矮小，地上生物量仅为高潮滩植被的 10% 和 22%。

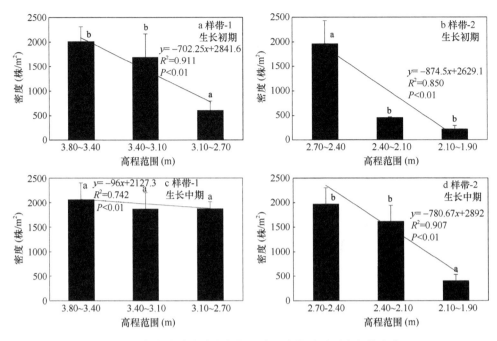

图 3-25　植物密度在生长初期和生长中期随滩面高程的变化

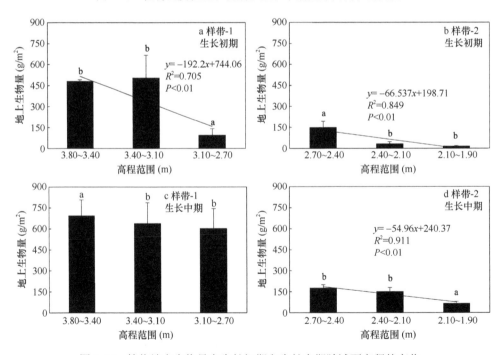

图 3-26　植物地上生物量在生长初期和生长中期随滩面高程的变化

到生长季中期，中等高程范围内的植被生长迅速，地上生物量逐渐与高潮滩（2.4～2.7m）的植被长势趋向一致。整体来看，样带-2植被在生长季各时期地上生物量沿着高程降低而逐渐减小。

蘸草属植物地下部分主要包括须根、根茎和球茎，通常分布在地表下 10～20cm 深度。图 3-27 显示了植物地下生物量随高程梯度的变化。样带-1 在生长季初期由高潮滩到低潮滩高程方向上植物地下生物量分别为 495±16g/m²、308±30g/m²、91±33g/m²。3.1～3.4m 和 2.7～3.1m 高程范围内的植物地下生物量仅为 3.4～3.8m 高程范围内植物地下生物量的 62%和 18%，植物地下生物量沿潮滩高程降低而减小。各高程范围内的植物地下生物量逐渐趋向一致，差异不显著。样带-2 在生长季初期植物地下生物量在 2.4～2.7m 高程范围内达到最高，为 196±68g/m²，在 2.1～2.4m 和 1.9～2.1m 高程范围内的植物地下生物量下降到高潮滩植物的 20%和 9%；到生长中期，中等高程范围内的植被生长迅速，地下生物量逐渐与高潮滩范围内植物长势趋向一致。整体来看，样带-2 植被在生长季各时期地下生物量沿潮滩高程降低而逐渐减小。

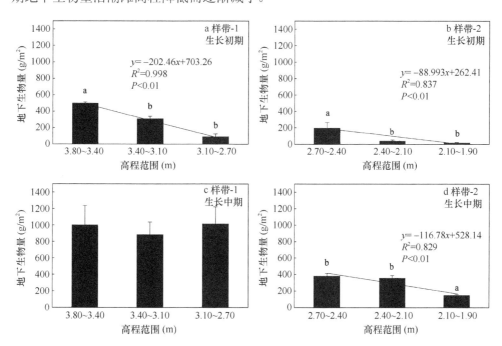

图 3-27　植物地下生物量在生长初期和生长中期随滩面高程的变化

3.3　滩涂侵蚀风险

河口滩涂位居河海唇齿相依的动力敏感区，是人类和全球众多生物的重要栖息场所和物质来源,也是地球表层极具经济和生态价值的湿地系统(陈吉余,2007;Murray et al.,2019)。同时,河口滩涂亦是三角洲的喉舌,快速而动态的地貌演替过程直接反映了陆海动力耦合的强弱,从而被作为表征三角洲冲淤进退的指示器(Murray et al.,2019;Nienhuis et al.,2020)。此外,河口滩涂作为三角洲聚居区抵御极端洪水与风暴事件的天然屏障,在全球有效贮碳和净化污染等方面亦具有不可替代性(Stocken et al.,2019;Murray et al.,2019)。无疑,维护河口滩涂湿地的生态安全直接关乎海岸带资源可持续利用,是世界沿海国家与地区社会与经济发展的重要基石。

然而,受海平面上升和高强度人类活动双重胁迫作用,全球已有 20%~40%的滩涂损失,由此引起三角洲环境衰退,导致沿岸城市群社会与经济发展、河口生物多样性面临严峻挑战(Kirwan and Megonigal,2013)。深远地,当前频繁且强度加剧的风暴潮作用不但危及河口城市安全,而且亦导致河口滩涂发生迅速侵蚀(Danielsen et al.,2005)。反过来,滩涂损失又进一步放大和加剧风暴潮对受灾区的破坏能力(Danielsen et al.,2005;Kirwan and Megonigal,2013)。位居河口中心四面环水的崇明冲积岛滩涂受海平面上升和高强度人类活动的胁迫很可能远甚于长三角其他潮滩,崇明冲积岛滩涂损失带来的负面影响亦远强于世界同类河口岛屿。理解崇明岛滩涂变化过程与时空演变格局,对长三角降低洪涝风险和提升河口滩涂生态价值极为紧迫且极具理论与现实意义。

3.3.1 环崇明岛滩涂数据采集及方法

作为长江尾闾发育形成的崇明岛,其面积约 1300km²,而环岛-5m 以浅的周边滩涂总面积相当于再造一个崇明岛,这给崇明提供极为丰沛的空间、物质、环境及防御极端风暴潮袭击的宝贵资源。但崇明岛自形成以来,滩涂处于崩塌和迁移状态。近 40 年来,虽不断进行固滩保滩,以及相关政策将东滩划定为自然保护区等而取得显著成效,但是上游水沙却发生明显变化,特别是长江入海泥沙由过去的 4.2 亿吨不断减少,直至目前的年平均 1 亿吨左右(Dai et al.,2018)。这明显增加了崇明岛滩涂侵蚀压力,加之局部相对海平面上升很可能超过全球平均海平面上升速度由此增加滩涂沉溺风险。此外,局部不合理滩涂开发及围垦等不同生产利用方式作用,尤其是环崇明岛围垦造地工程,例如北支河口沿线的大规模促淤圈围、崇明东南水域的北港北沙圈围及东滩团结沙、东旺沙圈围等,在不同程度影响滩涂地貌系统的完整及滩涂湿地的发育过程。因此,很有必要加强对崇明岛的"前哨"——滩涂湿地的近期变化进行分析。

鉴于 20 世纪 80 年代改革开放以来,影响崇明环岛滩涂变化的陆海环境都已发生重大改变,本书重点关注近 40 年来区域滩涂的动态变迁状态与相关影响因素。观察滩涂湿地的变化过程主要依赖于滩涂连续逐月或逐年单剖面测量，或依赖于滩涂湿地在高潮位时利用多波束或单波束对其进行大范围测量。基于卫星遥感影像反演滩涂湿地水边线变化以推定滩涂的进退也是研究滩涂变化过程的一种手段。本书主要借助研究区大范围测量的数字化地形或海图，辅之遥感影像以探讨滩涂湿地的变化过程。

自 20 世纪 80 年代之后长江口岸滩地貌演变尤为剧烈。国家及当地相关部门自新中国成立以来不定期开展了对长江口地形的多次测量，但能全面覆盖环崇明岛周边滩涂及水域湿地的资料并不多，且没有单独开展环崇明岛滩涂湿地的测量工作。故我们收集了基本相隔 5 年左右的长江口多年海图及数字化资料，主要包括 1984 年、1990 年、1997 年、2000 年、2002 年、2004 年、2009 年、2013 年、2016 年及 2019 年，所有资料来自交通运输部长江航道局、长江水利委员会及上海河口海岸科学研究中心。随后基于 ArcGIS 平台将海图数字化，以及将所有数字化的资料统一到理论基准基面。在此基础上，将数字化的地形资料进行克里金插值形成可编辑剪裁的数字高程模型（DEM）数据库。

进一步将采集的多年长江口 DEM 数据库进行裁剪，形成环崇明岛约−10m 以浅区的地形数据库。然后进一步基于 ArcGIS 平台界定高潮滩为 0m 以上到海堤前沿、中潮滩为−2～0m 水深范围及低潮滩为−5～−2m 水深范围面积，提取不同范围的低、中及高潮滩面积。再者是进一步基于 DEM 生成 0m、−2m 及−5m 等不同年份的等深线，同时比照海图对等深线进行修正，形成不同年份不同等深线的矢量图。此外，对不同年份生成的数字化 DEM 高程资料进行栅格化计算，从而得到不同时间尺度的滩涂面积冲淤变化图及净滩涂面积。

在第三章，作者根据植被的分布特征将滩涂湿地盐沼分为南部滨海湿地植被类群、西部滨海湿地植被类群、北部滨海湿地植被类群及东部滨海湿地植被类群。考虑到南部和西部盐沼类群相仿，本章将其合并由此把崇明岛环岛滩涂区分为沿北支右岸、崇明南部沿南支、新桥水道及北港左岸，以及崇明东滩等，简言之，就是崇明北部滩涂、南部滩涂及崇明东滩（图 3-28）。据此，进一步分析各个部分滩涂的近期变化过程及可能存在的风险。

3.3.2 崇明岛北部滩涂变化过程

1. 崇明岛北部沿岸等深线变化特征

长江口北支是潮控型河口，涨落潮净输送的泥沙向口内转移，这就导致北支长期处于充填状态，同时进入北支的径流及泥沙趋于减少，从而北支经受大洪水冲刷的现象减弱。故整个北支河槽及边滩近 40 年来不断淤涨，这在北支右沿潮滩 0m 等深线的变化过程中能显示（图 3-29）。

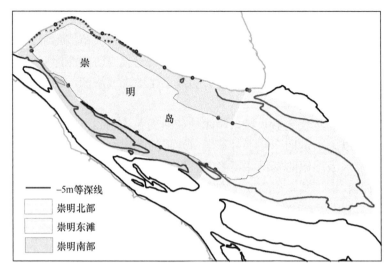

图 3-28　环崇明岛滩涂分区示意图

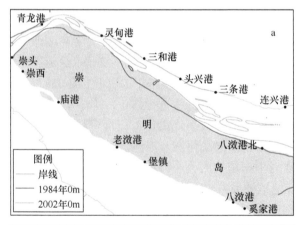

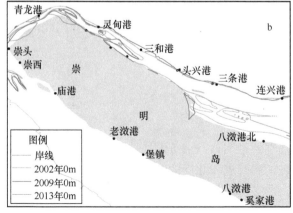

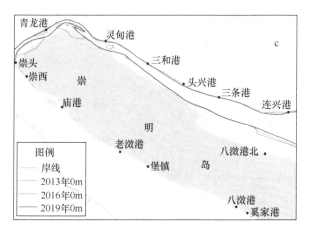

图 3-29 崇明岛北部潮滩 0m 等深线变化过程

首先，1984～2002 年潮滩 0m 等深线完全向海推进，自崇头到青龙港、青龙港到八滧港长超过 80km 的岸线 2002 年的 0m 等深线完全在 1984 年 0m 以外，在头兴港附近的崇明潮滩 0m 等深线年平均向外推进超过 178m。然而在八滧港附近 0m 等深线推进幅度相对较小，年平均约 88m（图 3-29a）。2002～2009 年，0m 等深线总体向河槽淤进，其中灵甸港到三和港段年平均淤进速率较小，而在崇头到青龙港的区域则有所缩退；随后在 2009～2013 年，先前在八滧港对应岸段的崇明水域散乱的小沙包目前已经连接成整体，导致 0m 等深线大幅度向海扩展，在灵甸港到三条港岸段的 0m 等深线基本维持不变（图 3-29b）。2013～2019 年，崇头到青龙港的潮滩等深线持续向海推进，而灵甸港到八滧港对应的崇明潮滩基本维持不变，略有向海推进。

与 0m 等深线类似，1984～2002 年-2m 等深线持续向海推进（图 3-30）。其中崇头到青龙港-2m 等深线年平均向河槽推进 76m，青龙港到三和港-2m 等深线年平均向海推进约 30m，特别是北支中下段三和港到八滧港-2m 等深线年平均推进了约 122m（图 3-30a）。2002～2013 年，崇头到青龙港-2m 等深线变化幅度不大，而灵甸港到头兴港出现以淤积为主，同时有侵蚀和淤积叠加的现象。在头兴港以下因沙洲或小沙包圈围而整天出现向河槽淤积，年平均淤积约 63m（图 3-30b）。此外，2013～2019 年整体-2m 等深线变化不大（图 3-30c）。

此外，纵观崇明北部潮滩-5m 等深线相对稀疏（图 3-31），部分区段甚至没有-5m 等深线分布。具体而言，1984～2002 年在崇头到青龙港岸段的潮滩-5m 等深线 1984 年尚见明显-5m 等深线，而到 2002 年-5m 等深线已经消失，这意味着该区域水深极浅且几乎都可归为潮滩，而青龙港到三和港等深线几乎没有变化，在三和港到连兴港岸段则出现明显淤积（图 3-31a）。2002～2013 年崇头到青龙港岸段出现稀疏-5m 等深线，自青龙港到三和港岸段-5m 等深线逼近到北支左岸，

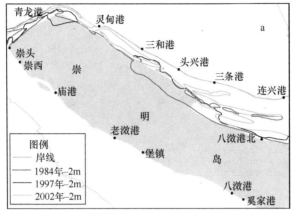

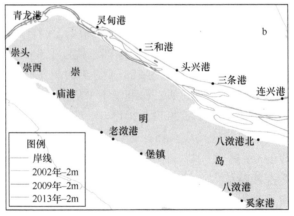

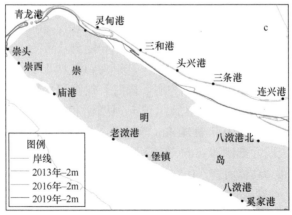

图 3-30　崇明岛北部潮滩–2m 等深线变化过程

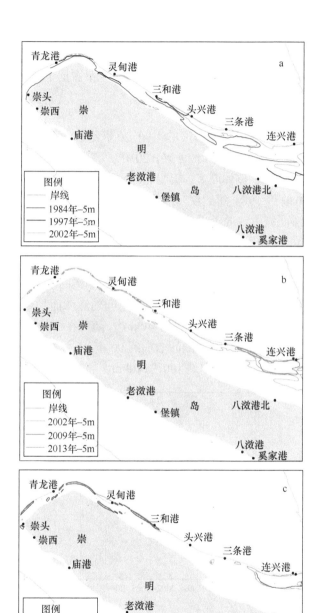

图 3-31　崇明岛北部潮滩–5m 等深线变化过程

这意味着该岸段几乎全部淤浅（图 3-31b）。三和港到连兴港–5m 等深线都沿北支左岸持续向崇明对岸逼近，整个潮滩淤涨快速（图 3-31b）。随后 2013～2019 年，–5m 等深线沿整个崇明北部分布极为稀疏（图 3-31c）。简而言之，崇明北部潮滩不同位置的等深线表征了整个区段潮滩是净淤积且几乎占据了北支河槽。

2. 崇明岛北部滩涂面积变化特征

崇明岛北部潮滩沿北支河槽发育，其中在 20 世纪 60～80 年代，北支大规模圈围后导致岸滩面积发生较大变化（恽才兴，2010）。基于 ArcGIS 量测不同等深线覆盖的面积可知（图 3-32），整体而言，崇明北部潮滩面积在 1984～2005 年处于快速增加的状态，即由最初 1984 年的仅 198.7km² 不断增长至 2005 年的 360km²；而 2005～2019 年潮滩面积大致处于平稳状态，面积约为 360km²，岸滩面积在 40 年期间扩大近 2 倍。同时，超过 0m 的高潮滩面积增长则是 20 倍，1984 年潮滩面积不到 10km²，随后到 2005 年潮滩面积为 132km²，潮滩面积增加了约 13 倍，但在 2005～2019 年潮滩面积约增加 2 倍，即 2019 年高于 0m 的潮滩面积为 225km²，这种变化和等深线的变化类似。然而，–2～0m 等深线之间的潮滩面积则基本维持在 20～40km²。特别是，1984 年该潮间带面积为 40km²，随后在 1998 年变为 20km²。在 2002～2005 年潮间带面积因沙洲并陆而增加到 90 多 km²。此外，–5～–2m 等深线之间的潮间带面积相对较宽，基本是 100～140km²。

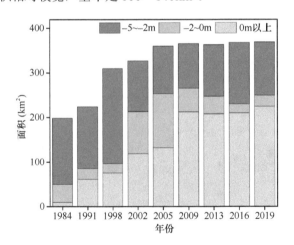

图 3-32 崇明岛北部面积变化图

显然，崇明岛北部潮滩等深线及面积的变化表明，该区段高潮滩面积较多，低潮滩发育较好，但高低潮滩之间的面积相对较少，意味着滩地坡度较陡。如从绿色生态堤防角度来看，潮滩发育较广能消耗较多台风风暴潮能量。较陡的坡度又意味着潮水及波浪可迅速爬坡从而出现越堤现象。

3. 崇明岛北部滩涂地貌冲淤过程

由于北支平均水深小于–5m，在很大程度上北支即可归于潮滩。1987～2019 年不同间隔的数字化海图冲淤计算表明，整个区域出现冲淤叠加且以淤积为主的状态，这种现象与涨潮流导致的泥沙发生周期性的变化有关（Dai et al., 2016）。具体而言，1987～1990 年在崇头沿线是净淤积，–5m 等深线出现侵蚀，灵甸港沿线及头兴港到连兴港都为净淤积，淤积厚度超过 2m，而灵甸港到三和港岸线为侵蚀（图 3-33a）。随后，1990～1997 年、1997～2000 年灵甸港附近仍以侵蚀为主，但连兴港附近为淤积-侵蚀-淤积（图 3-33b、c）。2002～2004 年，崇头到青龙港由淤积超过 2m 转为侵蚀超过 2m 的幅度，灵甸港及头兴港附近则由淤转冲，北支中部出现淤积（图 3-33e）。此外，2004～2019 年，潮滩出现弱的侵蚀和淤积叠加，冲淤幅度基本小于 1m（图 3-33f～i）。这意味着 2003 年三峡大坝构建以后，崇明岛北支滩槽不再有先前出现的大淤积现象，有可能与长江口整个区域水体悬浮泥沙通量减小有关。从崇明北部绿色堤防的视角来看，该区域海堤本身标准不高，大都是抵御 50 年一遇台风，而沿线已不断修建房产且有农田等，故在当前潮滩趋于减少或不变状态，台风和风暴潮加强的情景无疑会增加该区域抵御极端水文灾害的压力。

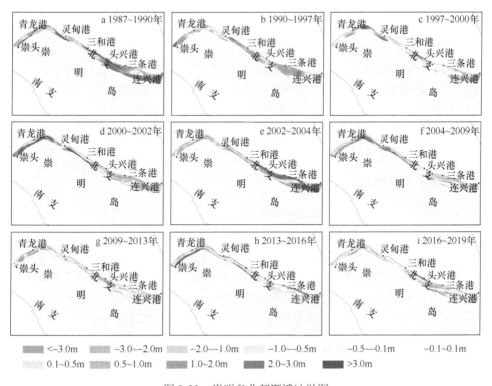

图 3-33　崇明岛北部潮滩冲淤图

3.3.3 崇明岛南部滩涂变化过程

1. 崇明岛南部沿岸等深线变化特征

　　基于 1984～2019 年崇明岛南部多年数字化 DEM 勾绘了不同等深线以显示高潮滩、中潮滩及低潮滩迹线的动态变化（图 3-34～图 3-36）。与崇明岛北部潮滩等深线变化完全不同，近 40 年崇明岛南部等深线变化相对复杂，但总体是几乎维持不变，局部略有向岸退缩，其中 0m 等深线在 2016～2019 年局部有较大幅度向南淤进（图 3-34）。具体而言，1984～2002 年崇明岛南侧 0m 等深线变动幅度处于微弱的进或退状态，其中崇头-庙港段 0m 等深线略有向内缩退，而庙港-堡镇段 0m 等深线较小程度地向外推进，堡镇-八滧港段 0m 等深线有所后退（图 3-34a）；2002～2009 年，南侧 0m 等深线明显整体向岛退缩（图 3-34b）。随后，2009～2016 年南侧 0m 等深线又再次淤进（图 3-34b）。

　　崇明岛南部-2m 等深线因其近岸扁担沙动态变化而引起其出现相应进退迁移（图 3-35）。1984～2002 年，南侧-2m 等深线的变迁比较多样，在崇头-东风西沙段向陆蚀退，庙港-八滧港段局地呈现淤进、蚀退，整体变动不是非常明显（图 3-35a）；2002～2009 年，南侧-2m 等深线整体轻微向崇明岛退缩（图 3-35b）；2009～2016 年，南侧-2m 等深线向外略有推进，2016～2019 年和前 3 年的变化类似，基本是向海推进（图 3-35c）。

　　就-5m 等深线而言，1984～2002 年崇头区段基本是向南外延，而在庙港附近-5m 等深线已经消失，自庙港到堡镇区段呈现小幅向外推进的状态（图 3-36a）；随后 2002～2013 年期间，-5m 等深线在崇头-庙港以及堡镇-八滧港区域呈现向岛缩退的状态，在庙港-堡镇区域逐渐向外推进（图 3-36b）。同时，2013～2019 年南侧-5m 等深线整体略向外淤进（图 3-36c）。

2. 崇明岛南部潮滩面积变化特征

　　和崇明岛北部相比，崇明岛南岸是人口与经济发达区，自崇头到崇明岛东滩沿线分布有众多港口，这就导致该区域潮滩面积明显小于北部潮滩（图 3-32，图 3-37）。

　　总体而言，崇明岛南部潮滩-5m 以上的面积存量不到 80km²（图 3-37），尤其是 1984～2016 年期间不到 40km²。其中 0m 以上的高潮滩面积在 8.4～20km² 范围波动，-2～0m 和-5～-2m 的潮间带面积分别在 6～22km²、12～32km² 范围。崇明岛南部高、中及低潮滩面积波动较大。其中 1984～2002 年期间，0m 以上潮滩在 10km² 变化，-2～0m 等深线的面积则从 6.6km² 略微增加到 10km²。但-5～-2m 等深线的面积则从 12km² 减小到 6km²。而 2002～2009 年，0m 以上面积趋于减小，-5～-2m 等深线之间的潮间带面积则增加到 12km²。2009～2019 年 10 年期间，高潮滩面积增加了 1 倍，–5～–2m 等深线的潮间带面积增加了 3 倍，高、中及低潮滩面积在 2019 年各自为 24km^2、22km^2 及 32km^2（图 3-37）。

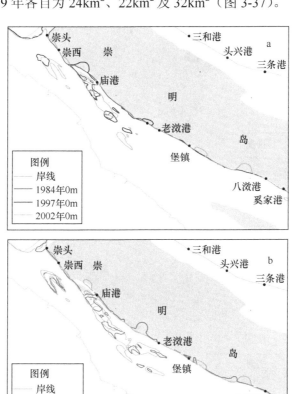

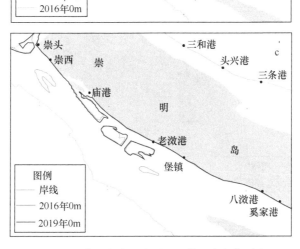

图 3-34　崇明岛南部潮滩 0m 等深线变化过程

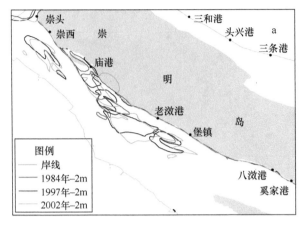

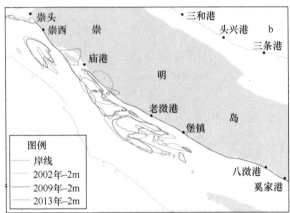

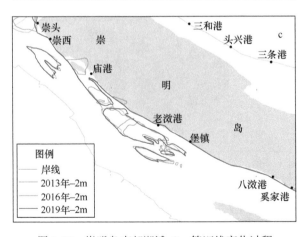

图 3-35 崇明岛南部潮滩–2m 等深线变化过程

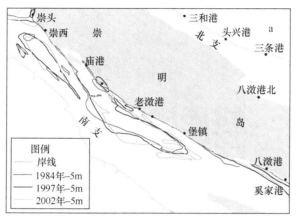

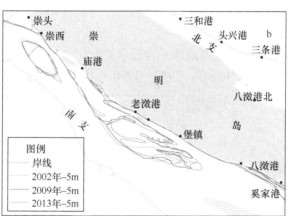

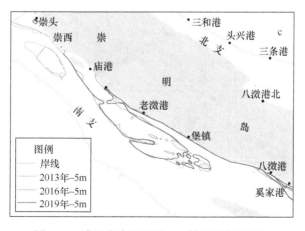

图 3-36　崇明岛南部潮滩–5m 等深线变化过程

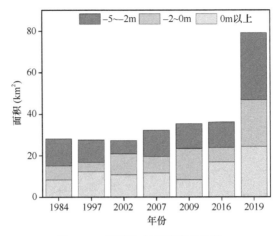

图 3-37　崇明岛南部面积变化图

3. 崇明岛南部潮滩地貌冲淤过程

虽然最近 40 年崇明岛南部潮滩总体展现冲淤交替以淤为主的态势,但其淤积并不明显（图 3-38）。具体而言,1987～1990 年崇西附近与新桥水道段岸滩显著

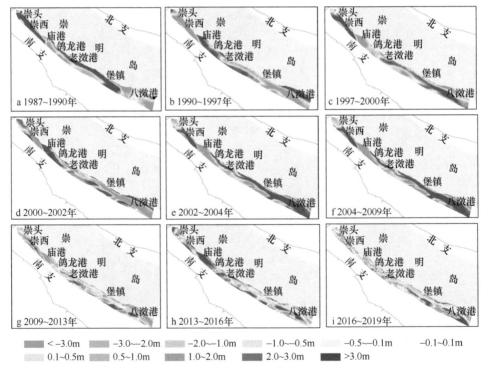

图 3-38　崇明岛南部潮滩冲淤图

淤积，虽局部有小幅冲刷，但总体上南部潮滩年均淤涨 $3×10^7m^3$（图 3-38a），1990～1997 年期间，除庙港到老滧港岸段继续淤积外，崇西附近及老滧港至堡镇段岸滩发生明显冲刷，崇明岛南部整体上年均冲刷近 $1.4×10^7m^3$（图 3-38b）；之后在 1997～2000 年期间，崇明岛南部庙港到老滧港岸段发生小幅冲刷，但整体上再次呈现淤积状态，年均淤涨 $1.2×10^7m^3$（图 3-38c）；2000～2002 年新桥水道沿线潮滩侵蚀严重，崇明岛南部整体上年均冲刷 $9×10^5m^3$（图 3-38d）。随后 2002～2004 年期间，除庙港到老滧港岸段发生侵蚀外，崇明岛南部出现较大程度淤积，尤其是新桥水道区域大面积淤涨，淤积厚度超过 3m，虽东风西沙水库附近及堡镇-八滧港段岸滩有冲刷现象，但南部整体上年均淤高 0.33m（图 3-38e）。此后 2004～2013 年期间，南部潮滩总体上处于持续冲刷状态，尤其是 2004～2009 年期间新桥水道及堡镇-八滧港段岸滩冲刷严重，已超过 3m（图 3-38f）。2009～2019 年，南部大部分区域发生淤积，平均淤积约加高 0.2m，但 2016～2019 年整体淤积偏少（图 3-38g～i）。

基于此，崇明岛南部潮滩主要依托于新桥水道，以及扁担沙、东风西沙发育而成。但该区域为崇明岛经济与社会发达区，高潮滩面积几乎消失殆尽。尽管潮滩仍以淤积为主，同时海堤高度基本达到抵御百年一遇台风，但潮滩面积狭窄则将严重影响堤脚稳定，同时极端台风作用引起的大波浪可能直接进入堤前并发生越堤，这种现象造成海岛南部风险要远甚于崇明岛北部。故进行海岛绿色生态堤防时，必须予以重视和高度警惕。

3.3.4 崇明岛东滩变化过程

1. 崇明岛东滩等深线变化特征

崇明岛东滩不同间隔的等深线均展现出向海淤进的特征（图 3-39～图 3-41）。具体而言，1984～1997 年崇明岛东滩 0m 等深线持续淤进明显，东北沿向外最大淤进超过 8～9km。1997～2002 年崇明岛东滩北部保持向海推进态势，但在东部则出现圆滑状态，即从 1984 年潮沟相间转为退缩且潮沟发生填充的地貌过程，而离岸浅滩则出现明显沙咀向东北方向延伸（图 3-39a）。2002～2013 年，北沿 0m 等深线在随后 2009 年向海推进，但随后基本保持不变，但离岸浅滩在 2013 年达到 0m 等深线完全消失（图 3-39b）。2013～2019 年，0m 等深线北沿向海淤积，但淤进幅度基本不大（图 3-39c）。同时东部潮滩则向海有所推进，并形成向东北凸出的小沙咀，离岸浅滩形成的包络线基本维持不变（图 3-39c）。

崇明岛东滩-2m 等深线相较 0m 等深线的变化要复杂（图 3-40）。1984～2002 年，北沿及北港北沙区域-2m 等深线淤涨向外扩进，其中 1984～1997 年淤涨极为

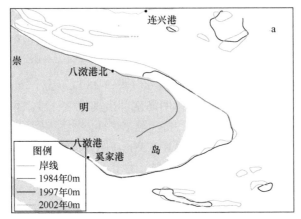

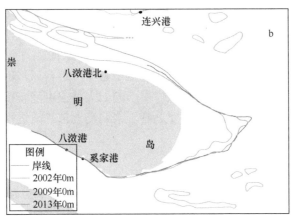

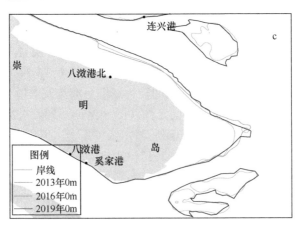

图 3-39 崇明岛东滩 0m 等深线变化过程

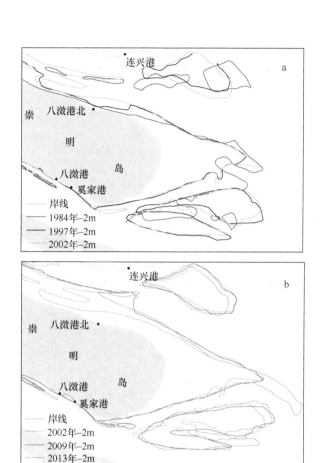

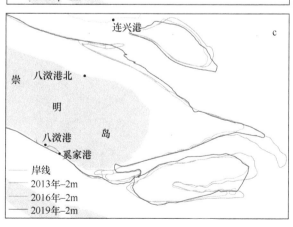

图 3-40　崇明岛东滩–2m 等深线变化过程

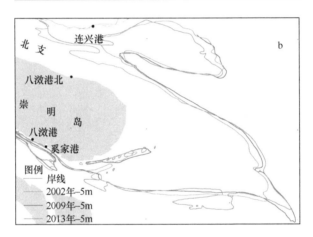

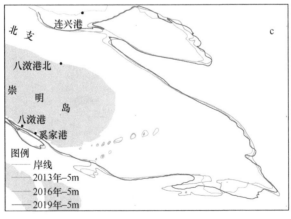

图 3-41 崇明岛东滩–5m 等深线变化过程

明显，而 1997～2002 年则处于缓慢淤积状态。而南沿–2m 等深线最初向外淤积，随后基本保持稳定，东部则有明显潮沟，且在此时间尺度内潮沟变化较复杂且不断向内缩退（图 3-40a）。2002～2013 年，崇明岛东滩–2m 等深线整体上持续向外淤进，然而 2013 年与 2009 年比较则有所退缩（图 3-40b）。其东部在 2002～2009 年基本不变，2009～2013 年急剧向海突出形成瘦长沙咀（图 3-40b）。同期崇明岛东滩离岸的浅滩犬牙交错但总体向海推进。随后在 2013～2019 年，先前锯齿状的滩面水边线基本磨平且大致变化不大，沙咀出现侵蚀退缩，离岸浅滩–2m 面积范围有所缩小（图 3-40c）。

崇明东滩–5m 等深线在近 40 年变化相对简单（图 3-41）。其中 1984～2002 年，–5m 等深线在崇明岛东滩北沿及南沿持续向内缩退，在东南侧逐渐向外推进，同时形成相对较小的沙咀（图 3-41a）。2002～2013 年在北沿明显发生退缩，但在东部则出现向东南方向偏转的沙咀，沙咀在 2013 年相较 2009 年侵蚀退缩（图 3-41b）。随后在 2013～2019 年，尽管–5m 等深线形态和 2013 年、2016 年相似，但整体向陆退缩（图 3-41c）。

2. 崇明岛东滩面积变化特征

根据崇明岛东滩边界定义，以崇明岛南沿八滧港至东北部八滧港北水闸为界，定量统计分析 1984 年以来包括北港北沙区域的高滩、中滩及低滩的面积变化特征（图 3-42）。崇明岛东滩–5m 等深线以内整体面积在 1984～2002 年期间基本变化不大，波动维持在 620km² 左右；随后面积保持不断增加，直至 2013 年东滩总面积扩大至 705km²。之后在 2013～2016 年期间，东滩局地轻微冲刷致使面积小幅减少至约 670km²，但相较于最初 1984 年仍有所增长，到 2019 年面积再次增加到 745km²。中高滩 0m 以浅的面积变化过程较为相似，在 1984～2013 年近 30 年内高滩面积始终保持日益增长趋势，从最初仅 95.9km² 增长至 182.3km²，面积已增长将近 1 倍，年均增长速率达到 3km²/yr，同时中滩以 1.1km²/yr 的年均增长速率不断波动增加，由最初 145.6km² 增长至 178.3km²。而随后的 2013～2016 年期间，崇明岛东滩局地发生轻微冲刷，0m 与–2m 等深线呈现轻微蚀退，中高滩面积均有所下降，分别缩减至 164.7km² 与 147.6km²。低滩面积变化过程较为波动，在 1984～2002 年期间，低滩面积持续减少近 60km²，随后波动维持增长趋势，但增长幅度并不大，其面积始终保持在 350km² 左右。在 2016～2019 年期间除低滩略有侵蚀外，总体出现淤积（图 3-42）。可见在 2013 年后东滩呈现轻微侵蚀，尔后再次淤积的变化趋势。整体而言，1984～2019 年高滩面积总体增长近 100km²，年均增长速率达到 2.85km²/yr，而中滩面积增长并不明显，低滩面积略有减少。

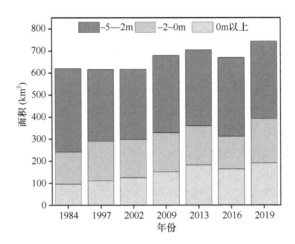

图 3-42　崇明岛东滩面积变化图

简而言之，崇明岛东滩各区域的面积虽时增时减，变化特征也大有不同，但整体而言，东滩面积呈现小幅增长的变化趋势，其中高滩增长显著、中滩小幅增长、低滩略有减少。

3. 崇明岛东部潮滩地貌冲淤变化过程

东滩整体处于冲淤叠加，但以净淤积状态为主（图 3-43）。1987～1990 年，东滩在中部出现斑块状侵蚀，在北部、东部及南部–5m 等深线以浅区出现淤积，但南部及东部–5m 等深线以深区为净侵蚀（图 3-43a）。1990～1997 年，先前中部侵蚀的区域出现较大的斑块淤积，东部前缘及八滧港附近以淤积为主，淤积厚度超过 1m，北部–5m 以深区为净侵蚀，整体年均冲刷近 $3.3×10^7m^3$（图 3-43b）。1997～2000 年，其变化状态和 1990～1997 年基本相似，即先前淤积和侵蚀的部位都不变（图 3-43c），崇明岛东滩近 72.7%的区域呈现大幅度淤积。然而，2000～2002 年淤积部位范围有所向外扩展，东部沙咀向南偏转（图 3-43d）。显然，1984～2002 年崇明岛东滩–5～0m 等深线之间的区域整体上呈现"淤积-冲刷-淤积"反复交替的演变过程。

2002～2019 年，崇明岛东滩经历快速淤积、快速侵蚀和再次淤积（图 3-43e～i）。具体而言，2002～2004 年崇明岛东滩淤积最为显著，年平均淤积量高达 $1.3×10^8m^3$，多数区域淤积厚度超过 1m，甚至局部已淤厚超过 3m，而随后崇明岛东滩继续不断淤涨，但淤涨速率明显逐渐减弱（图 3-43e）。直至 2013～2016 年期间，东滩北沿与中部均受到轻微侵蚀，而东南侧仍继续淤涨，总体上东滩平均冲刷厚度约为 0.15m（图 3-43h）。2016～2019 年，东滩出现迅速淤积，淤积面积高达 74%，仅仅在八滧港附近有局部侵蚀。

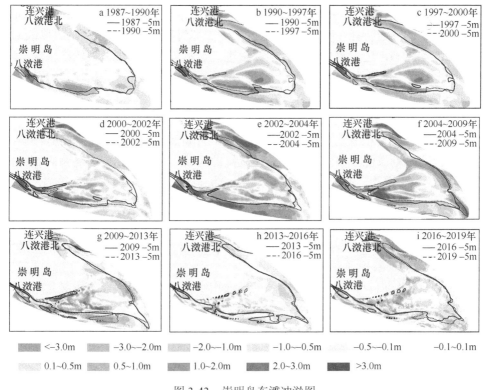

图 3-43　崇明岛东滩冲淤图

基于此，崇明岛东滩和其他两部分滩涂比较，滩涂宽幅长达上公里，当前潮滩以淤积为主，但有必要提出的是，在最近 40 年东滩仍经历了快速侵蚀状态，这意味着受控于台风风暴潮及上游来沙、局部来沙等各种因素，东滩当前相对没有处在侵蚀风险状态，但从长远而言，仍需加强观测和强化对周边环境的影响分析。

3.3.5　小结

崇明岛滩涂–5m 等深线以浅区域面积相当于再生成一个崇明岛。滩涂在防护崇明岛生态安全方面有极为重要的价值。当全球潮滩遭受损失时，崇明岛自 1984 年以来的近 40 年期间，滩涂冲淤变化极为频繁复杂。其中，环崇明岛各段等深线变迁整体表现出"时进时退，此进彼退"的频繁交替变化特征。1984～2019 年，北支岸滩不同等深线虽偶有局部区域发生轻微的向岛缩退，但整体持续处于向外淤进趋势。崇明岛南侧岸滩等深线变动复杂，其 0m 等深线可按区域将变动分为三段：崇头-庙港段，岸线先向岛蚀退后向外淤进；庙港-堡镇段，岸线持续向外小幅淤进；堡镇-八滧港段，岸线先整体变化并不明显，后略有所蚀退，最后不断向外淤进；-2m 等深线各以 2002 年、2009 年为界，呈现"淤进-局部轻微蚀退-再次淤进"的变迁特征；-5m 等深线则以 2013 年为界，先呈现"此淤进彼蚀退"的频繁变动状态，之后整体表现为向外淤进。崇明东滩 0m 等深线始终呈现"淤进-蚀退-淤进"反复的演变特征；1984~2013 年，-2m 等深线均呈现整体淤进、局部略有蚀退的状态，2013 年后最东端蚀退明显，其他区域表现为小幅淤进趋势；东滩-5m 等深线始终呈现"时进时退，此进彼退"的变化特征。

崇明岛岸滩面积变动频繁。北支沿岛岸滩虽局部区域在部分时期略有冲刷，但总体上在不断淤涨，淤涨面积明显超过侵蚀区域（表 3-2）。崇明岛南侧始终是"时而冲刷时而淤积，冲淤交替"频繁演变的状态，但该岸段面积极为狭窄，且侵蚀面积在局部岸段甚至超过淤积区。崇明岛东滩可总结为 1984~2002 年内呈"淤积-冲刷-淤积"的交替变化，总体上以轻微冲刷为主；2002~2013 年崇明东滩持续淤积，但淤涨速率逐渐减缓；2013~2016 年崇明东滩发生轻微侵蚀，随后 2016~2019 年再次出现淤积（表 3-2）。

就目前现状而言，环崇明岛滩涂南部面积小且宽度窄，而该岸段又是崇明经济与文化精粹之区，岸滩经受其影响极大，其被占用和侵蚀风险最大。东滩处于开敞地带经受各种动力作用影响，尤其是频繁风暴潮台风作用，侵蚀风险次之，而崇明岛北部本身受涨潮流控制，泥沙携带进入河槽而影响槽内淤积，故侵蚀风险最弱。

表 3-2 环崇明岛各时期冲刷与淤积面积占比　　　　　　（单位：%）

时间	北支		南侧		东滩	
	冲刷	淤积	冲刷	淤积	冲刷	淤积
1984~1990 年	37.65	62.35	43.97	56.03	39.31	60.69
1990~1997 年	53.44	46.56	49.36	50.64	60.87	39.13
1997~2000 年	32.38	67.62	49.53	50.47	27.27	72.73
2000~2002 年	60.84	39.16	47.24	52.76	65.66	34.34
2002~2004 年	38.91	61.09	48.11	51.89	35.39	64.61
2004~2009 年	47.81	52.19	51.71	48.29	46.78	53.22
2009~2013 年	49.81	50.19	67.21	32.79	43.45	56.55
2013~2016 年	69.78	30.22	34.31	65.69	82.49	17.51
2016~2019 年	31.50	68.50	49.81	50.19	26.08	73.92

第四章　崇明岛滩涂侵蚀机理及变化预测

环崇明岛滩涂在空间上出现大范围淤积，局部岸段展现侵蚀，在不同的时间尺度既有侵蚀加剧迹象，也有淤积增加特征。目前环崇明岛滩涂以淤积为主，但淤积速率有所减缓。滩涂是绿色堤防的重要组成部分，环崇明岛绿色堤防需要考虑滩涂现有变化特征，以及引起滩涂变化的主要诱因，从而"有的放矢"进行前瞻性的堤防布设。特别是，基于诱导因素和自身变化的特征对滩涂的未来变化做出科学预测，以便更有效地优化绿色堤防，使环崇明岛滩涂健康发展，维持国际生态岛的基本特色并造福于后人。

4.1　控制岛滩涂冲淤的自然因素

环崇明岛滩涂位于陆海作用非常敏感的长江河口江心河段。环岛各段不仅受北支涨潮流、新桥水道径潮流、北港潮流，以及口外波浪与台风等应力作用的影响，同时还承受上游水沙变异、环岛河势动态变迁及岛上人类活动的作用。可见，很有必要理清如此复杂而特定环境的动力作用究竟是来自上游来水来沙、河口径潮流，还是由人类活动等引起。基于此，本节围绕前述问题主要分析影响滩涂冲淤的自然因素。

4.1.1　长江流域来水来沙

长江年平均 4.2 亿吨的泥沙和将近 10 000 亿立方米的径流进入长江河口，哺育当今富饶的长江三角洲，形成了广阔的滩涂（陈吉余，2007）。流域来沙是河口地区岸滩淤涨的重要物质基础，流域来水是输送泥沙的载体，水沙多寡共同影响环崇明岛滩涂冲淤与否的重要物质。近 60 年来，长江入海泥沙急剧减少 70%（图 4-1），但径流量基本变化不大。2003 年三峡大坝运行后，流域输沙量快速下降，水体悬沙浓度明显降低，这导致 2002～2004 年北支上段岸滩发生侵蚀。2002 年后环岛局部岸线有所蚀退，以及东滩淤积速率逐渐减缓，但环崇明岛岸滩整体并未出现长期剧烈冲刷，各段岸滩面积总体仍呈现增长趋势（图 3-43）。譬如，1984～2019 年北支岸滩局部轻微冲刷，但整体以淤积为主，岸滩总面积增长迅速，由原先的 198.7km² 不断增长至 368.3km²。南部滩涂冲淤交替演变，总面积微增。崇明岛东滩冲淤交替，2002 年后持续淤涨，但淤涨速率逐渐下降，整体面积略有增加。

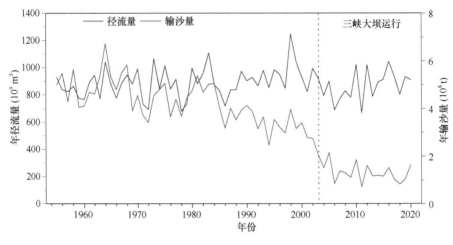

图 4-1　长江口大通水沙变化图

显然，三峡大坝工程的构建已导致流域入海泥沙急剧下降、径流处于波动状态，相应引起水体悬沙浓度急剧降低。尽管环岛潮滩北部、南部及东部冲淤有所差异，但短期内仍呈持续增长趋势。这意味着环崇明岛滩涂的泥沙物源仍能支撑潮滩发育。在当前入海泥沙锐减背景下，显然流域来沙并不是环岛滩涂发育的唯一泥沙来源，其他来源的泥沙量也可能满足岸滩淤涨的需求。以崇明岛东滩为例，作者通过设置大通不同入海水沙情景，基于 DELFT-3D 进行模拟，发现供给东滩的泥沙来自局部水域泥沙再悬浮为 53%，东滩前缘海域为 18%，长江口北槽为 15%（图 4-2）。

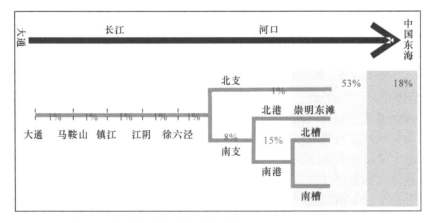

图 4-2　崇明岛东滩泥沙可能来源（Leonardi et al.，2021）

此外，Dai 等（2014，2018）的研究指出环崇明岛的泥沙来源可能有三个方面：一是海平面上升，近海潮动力逐渐增强，从水下三角洲而来的泥沙向岸搬运，这可能将减缓目前崇明岛东滩区域因流域来沙减少引起的淤积减缓的现状；二是北支呈现明显的涨潮优势，涨潮流带来的泥沙大于落潮流带出的泥沙，泥沙向上输运落淤，从而引起北支河道逐渐淤积萎缩，岸滩面积不断扩大（冯凌旋等，2009；宋泽坤，2013）；三是上游来水来沙进入河口受分汊河道影响也将带来各分流间河槽泥沙冲淤的变化。

4.1.2 河口分流间河槽分水分沙

长江入海水沙通过南北支分流进入环崇明岛区，其中约超过98%以上的水沙经由南支入河口地区（陈吉余，2007）。随后进入南支的水沙再次分南北港入海，南支河道的水沙也通过东风西沙、扁担沙等沙体进入新桥水道。分水分沙的变化受大洪水和人类活动的影响。早期，受诸如1860年、1931年与1954年等特大洪水的影响，河口浅滩或合并或切割或并陆，如扁担沙的变化、崇明北港北沙的变迁都昭示特大洪水通过影响分水分沙而间接主导了环崇明岛滩涂的变化（茅志昌等，2014）。

长江河口分流间河槽分水分沙的变化同样受长江口频繁人类活动的影响。其中，2006～2009年长江南北港分流工程相继实施，改善了南北港原先剧烈的变化，使其分流点基本稳定于新浏河沙沙头（吴焱，2017）。2009年后南北港分流分沙比逐渐趋于稳定，基本维持在50%左右，波动变化不会超过10%，同时北港分流比始终保持在50%以上并有所增加（图 4-3）。2009～2013年堡镇-奚家港段

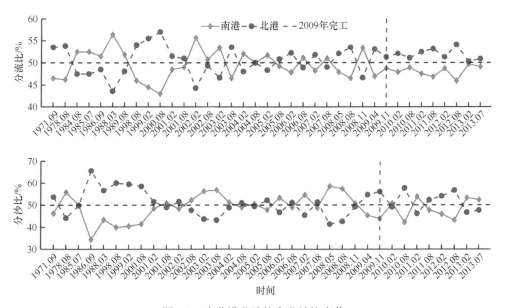

图 4-3　南北港分流比和分沙比变化

岸滩发生较大程度冲刷,平均冲深近 2m,可见进入北港的流量增加是该段岸滩受侵蚀的影响因素之一。同时,北港上段落潮水动力强于涨潮,落潮悬沙的有效沉降速率强于涨潮,导致悬沙不易落淤(姚弘毅等,2013),亦是堡镇-奚家港段岸滩容易受侵蚀的原因之一。此外,受分水分沙影响最大的滩涂是崇明岛北部滩涂。北支经由上游进入其河槽的水沙几乎小于 2%,这就促成长江口北支完全受控于涨潮动力,强劲涨潮优势流带来丰沛泥沙填充北支,这是崇明岛北部潮滩长期淤涨的重要因素。

4.1.3　新桥水道变迁

新桥水道位于崇明岛南侧,上承东风西沙水库,横通南支主槽,下接北港河槽(图 4-4)。新桥水道一般指扁担沙北侧上至庙港,下至堡镇港接北港的区域,其长度大约为 40km,平均河槽宽度为 1～2km。同时,新桥水道作为崇明岛的重要航运资源与水源地,其变化过程直接关联崇明岛南部岸滩与岸堤稳定及居民取水安全。

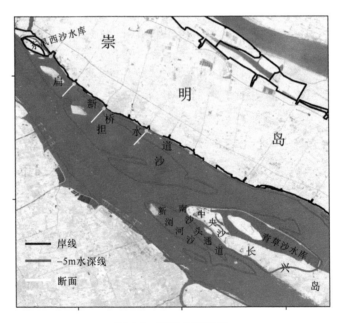

图 4-4　新桥水道位置

新桥水道与扁担沙组成长江口典型的滩-槽系统。这一滩-槽地貌体系的互馈过程间接影响崇明岛南部滩涂面积的变化。两者在 1984～2016 年期间各自面积和体积变化表明,扁担沙面积一直保持增长趋势,由最初的 102km² 快速扩张至

127km^2，年均增长率达到 2.92km^2/yr（图 4-5a）。同样，扁担沙体积也在持续增加，1984～2016 年由最初的仅 2.19×10^{8}m^3 不断增长到 4.37×10^{8}m^3，体积增长将近一倍（图 4-5b）。新桥水道的面积变动并不明显，虽然一直在波动增减，但基本维持在46～50km^2（图 4-5c）。新桥水道容积变化较为频繁，但整体上有所减少，从 1984 年的将近 4.5×10^{8}m^3 持续缩小，直至 2016 年已经不足 4×10^{8}m^3（图 4-5d）。可见，扁担沙浅滩和新桥水道之间的变化存在博弈关系，即在扁担沙浅滩不断淤涨扩大的过程中，新桥水道在逐渐缩窄。新桥水道缩窄的过程中又会出现部分深泓线北移，由此影响崇明岛南部滩涂局部河段侵蚀后退。这和陈吉余（2007）提出的长江口发育模式中"南岸边滩推展和北岸沙岛并岸"趋势也是一致的，即扁担沙的扩大迫使新桥水道北移，引起沙体向北移，但因南部有海堤束缚岸线无法退却，从而导致滩涂面积减少且缩窄。

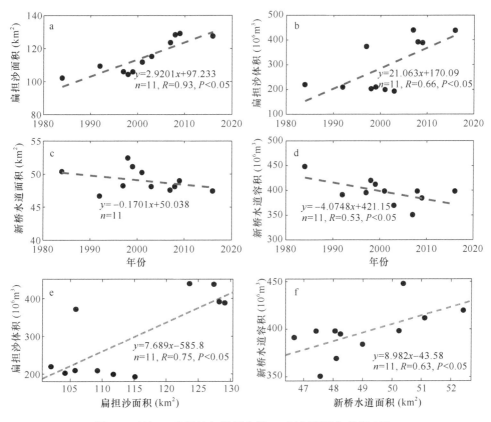

图 4-5 长江口扁担沙与新桥水道 0m 以深面积与体积变化

为进一步说明新桥水道因扁担沙面积和体积扩大而北移，在此自上而下设置崇明岛南岸到扁担沙的三个断面来表征新桥水道自崇明岛向扁担沙方向的多年滩槽变化过程。断面 X1、X2、X3 分别位于鸽龙港、南门港及张网港。显然，位于鸽龙港附近的 X1 断面表明新桥水道的位置向岛发生了明显偏移。1984～1992 年新桥水道逐渐发育扩大，由先前略不稳定的"W"形河槽转变成"U"形河槽，水道深泓位置基本在距岛 700～800m 处，而 2007 年后，水道不断缩窄，深泓位置向崇明岛偏移了近 200m。在 2003 年前新桥水道的水深接近其至超过−5m，之后河槽开始淤积，水深变浅，"U"形河槽的两侧坡度逐渐变缓，尤其在 2016 年，新桥水道的水深已不足−4m（图 4-6b）。X2 断面位于南门港附近，其变化表明新桥水道淤浅严重，1984～2001 年河槽宽度明显有所增加，横面最宽超过 2km，而 2001

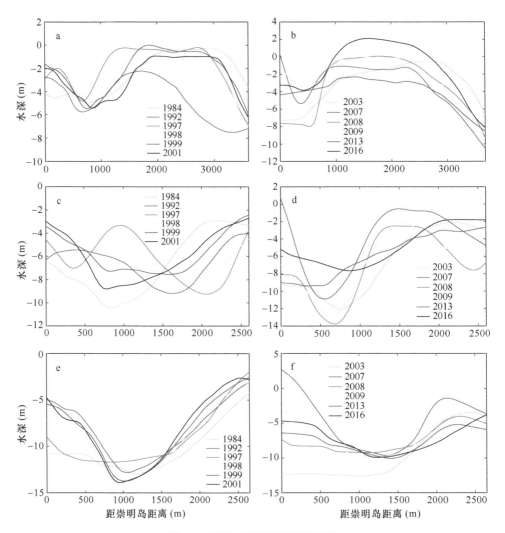

图 4-6　新桥水道的断面水深变化

a,b. X1 断面；c,d. X2 断面；e,f. X3 断面

年之后，河槽逐渐缩窄，水深先增后减，直至 2016 年已不足−8m（图 4-6d）。同样，张网港附近的 X3 断面显示，2001 年前新桥水道处于发育扩大阶段，河槽冲刷深度持续增加到近−15m，而 2001 年之后，水道一直处于淤浅状态，水深不断减少至不足−10m（图 4-6e、f）。此外，1984～2020 年扁担沙整体在不断淤涨增大的同时，一直维持着向北向下游方向推移变迁的趋势，新桥水道−5m 等深线逐渐缩窄且向海退缩（图 4-7）。

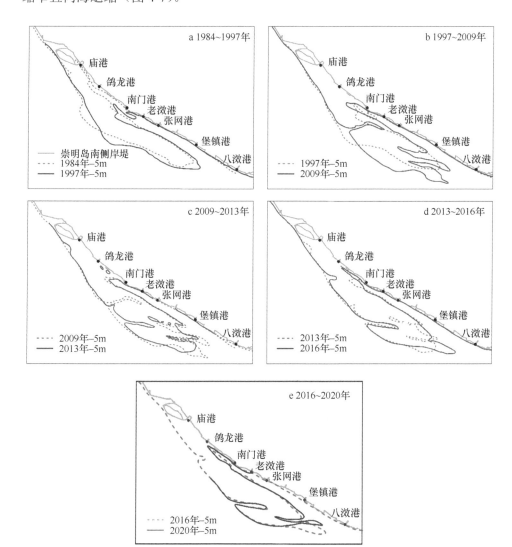

图 4-7 扁担沙与新桥水道−5m 等深线变化

由此可见，1984～2020 年扁担沙面积与体积持续增长，并一直维持向北向下游推移的变动趋势，而新桥水道河槽不断缩窄，水深逐渐淤浅。同时崇头-崇西区段南侧的白茆沙北水道受洪水作用影响，其过水能力减弱，水道逐渐趋于萎缩，与此同时南水道快速发展扩大（徐骏和王珏，2015），在如此持续"南强北弱"的河势影响下，更易引起扁担沙向崇明岛偏移。而新桥水道与扁担沙的发育演变相互牵制，在扁担沙保持当前发展趋势下持续向岛推移，其面积和体积的日益增长将加剧新桥水道深槽宽度缩窄、纳潮量减少，最终可能引起水道萎缩。此外，位于崇明西南角的东风西沙水库在2014年完工运行后，完全拦截了由东风西沙北汊道进入新桥水道的径流量，可能会加速新桥水道的淤积。然而，该水道萎缩将严重影响崇明河槽水运资源，可以预料河槽北移且萎缩将迫使当地政府进行疏浚，而扁担沙的北移无法改变其趋势，故疏浚工作是在北移的深泓线附近，如此则将导致崇明南部滩涂进一步缩窄。滩涂缩窄则可能危及目前已建设的生态海堤稳定。故，新桥水道的缩窄淤浅很可能构成南部潮滩由先前相对稳定转为侵蚀后退。

4.2 促淤圈围工程对环岛滩涂冲淤的影响

上海是构建在滩涂上的城市，近16%的上海土地是通过圈围获取。崇明岛历经1300年至今，假定没有人类活动的圈围，地处河口中心的崇明岛亦难以发育壮大到目前这个我国第一大河流冲积岛。事实上，长江口的泥沙是由上游挟带的入海泥沙沉积和外海随涨潮流将先前堆积海域的泥沙再悬浮带往陆域，海域和陆域的双重泥沙共同哺育了弥足珍贵的长江口滩涂。随着上海经济发展，滩涂的促淤围垦自然是解决上海用地的重要手段。基于此，环崇明岛长期频繁的促淤圈围工程，将快速导致崇明岛四周滩涂逐渐扩大，最为明显的当属崇明岛北部滩涂。

环崇明岛北部滩涂泥沙主要由北支涨潮流携带而入。北支自1915年发育成形，直至1958年一直处于无人类活动干扰的自然发展状态，在20世纪60~80年代北支两岸进行大范围圈围（恽才兴，2010），自1958年以来滩涂围垦面积累计约939.83km^2（高志松，2008）。1958~1978年促淤圈围面积已达到约352.22km^2，此外1978~2001年、2001~2013年期间分别促淤圈围约167.02km^2、166.84km^2（图4-8；Dai et al.，2016）。大规模的围垦工程引起北支持续淤积及岸滩面积不断扩大，1984~2016年北支淤积总量多达1.07×10^{8}m^3，平均淤涨速率达到3.33×10^{6}m^3/yr，尤其是北支段沿崇明岛高滩（0m等深线以上）的面积始终不断增加。此外，促淤圈围工程也造成北支河势颇不稳定，北支整体淤涨变浅，0m等深线不断向外淤进，对比1984年与2016年，北支上段岸线向外移动1000~2000m，中下段明显扩展达3000~5000m。

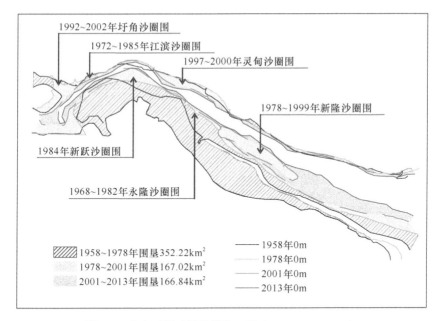

图 4-8　北支不同时期的围垦工程（Dai et al.，2016）

北支平均水深多年变化过程表明,河道水深连年持续减小,由1984年的4.85m淤浅至2016年的2.62m（图4-9）。为更好探究北支各区段的演变,在北支选取了B1、B2、B3及B4四个断面（图4-10）。青龙港所在B1断面最大水深由–9m逐渐减少,直至2016年仅–2m（图4-10a）;灵甸港B2断面由最初1984年的"V"形河槽逐渐趋于平缓,最大水深减少了将近5m（图4-10b）;B3头兴港断面在1984年最大水深位置距岛约2200m,直至2016年河槽最大水深位置距岛仅600～700m,与此同时1984年河槽呈现明显的"W"形,最大水深将近–7m,随后水道日渐平缓,直至2016年最大水深已不足–4m（图4-10c）;同样,连兴港B4断面处亦呈现逐渐变浅的态势,最大水深由–8m日益减小至仅–3m,距崇明岛约1000m以内区域,2013～2016年水深均处于0～2m,即沿岛水道连年逐渐变浅,最终大片浅滩出露水面（图4-10d）。由此可见,频繁的滩涂围垦导致北支不断萎缩,河道缩窄淤浅,而水道剖面地形逐渐平缓有利于沿岛岸滩发育,新增浅滩出露水面扩大了岸滩面积。

此外,东滩位于崇明岛最东端北支与北港中间的岛影缓流区,地势平坦宽阔,有利于泥沙落淤,逐渐发育形成大片淤泥质岸滩。然而从1960年起东滩经历了数次促淤圈围,尤其是20世纪90年代先后经历多次大规模围垦工程。其中,东滩南侧的团结沙与北侧的东旺沙分别在1990～1991年与1991～1992年期间高滩圈围面积分别达到18.27km²与44km²,在1998～1999年再次分别围垦5.33km²与

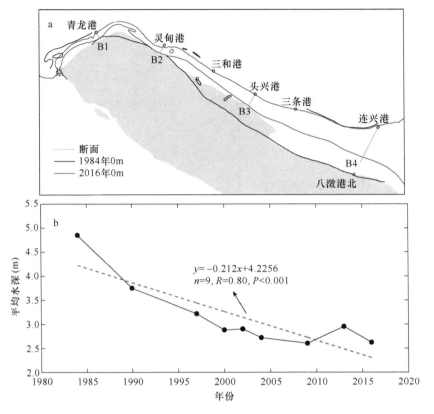

图 4-9　北支 0m 等深线和多年平均水深变化

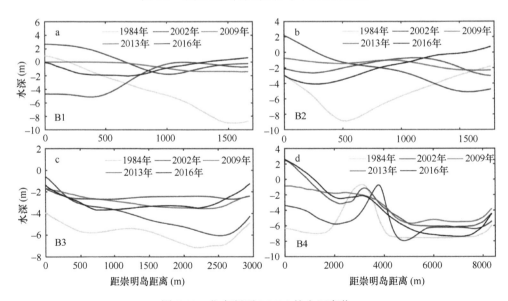

图 4-10　北支断面 B1-B4 的水深变化

22.67km^2（恽才兴，2004；郑宗生，2007；路兵和蒋雪中，2013）。高强度的促淤围垦工程对东滩冲淤变化产生显著影响，1984～1990年、1990～1997年及1997～2000年期间，东滩–5m等深线以内岸滩以淤积为主，尤其是东滩北沿与北港北沙淤涨显著（图3-41），0m与–2m包络的北港北沙面积逐渐扩大。此外，1984～1997年期间东滩0m等深线最大向外淤进8～9km（图3-39）。频繁围垦工程后岸堤逐渐向外推进，促使东滩淤涨发育，低滩淤涨为中高滩、中滩淤涨成高滩，导致岸滩总面积不断增长。

4.3　环岛滩涂岸线未来变化预测

受高强度人类活动和复杂的水文泥沙等因素影响，环崇明岛滩涂变动更显多样性特征。由于长江口人类活动如圈围、河势稳定及堤防等因时空及政策而具有较多不确定性，故很难基于模型模拟预测人类活动影响的环崇明岛滩涂岸线变化。考虑到滩涂的自然应力如径流水沙变化具有规律性趋势，同时前述涉及的滩涂控制因素中，上游水沙仍是导致滩涂变迁的关键因素。故，本节基于机器学习以预测在自然演化特征下的环崇明岛滩涂未来变迁趋势。

4.3.1　基于机器学习的模型因子确定

（1）模型输入与输出因子的选择

考虑到长江口0m等深线（也称为岸线）基本可表征中高潮直接的界限。同时0m岸线的进退又和–2m、–5m等深线的变动直接关联。因此，本节通过分析环岛滩涂0m等深线的变化以预测环崇明岛滩涂未来变化态势。在本节将0m等深线统称为0m岸线。有必要指出的是，潮流和波浪是影响滩涂变化的重要因素，但考虑二者的变化是以秒、时及天等短期为主，对滩涂的关注亦注重年际尺度，加之环崇明岛的潮位、波浪监测数据并没有长达40年的连续资料，这就会影响机器学习的效果。因此，在构建机器学习的模型时，并没有将波浪及潮流因子作为自变量，而仅仅将影响0m岸线变动的长江年输沙量与年均流量作为变量输入，以控制长江入海物质的大通站为例。同时，0m岸线的变化和–2m、–5m等深线的进退是直接相连，通过–2m及–5m等深线的分析能推知0m岸线的基本变化。在此进一步将海堤作为固定参照物，通过计算获取的–2m和–5m等深线距离海堤的位置也作为输入变量。

此外，涉及输入变量的时间选择。由于–2m和–5m等深线距离海堤位置在当年的变动和0m岸线直接相关，而不是当年如–2m等深线的变化将会在次年才影响到0m岸线的进退。同样，当年入海水沙也不会在滞后的几年内才影响滩涂变化。因此，本节将区域当年的−2m、−5m 等深线距堤位置作为当年 0m 岸线变动的间接影响因素考虑。简而言之，利用大通站年输沙量、年均流量与不同等深线距堤位置的耦合关系，构建基于 BP 神经网络的机器模型进行岸线未来变迁预测。其中，大通站年均流量、年输沙量及当年−2m、−5m 等深线距堤距离作为模型输入因子，当年 0m 岸线距堤距离作为输出因子。考虑到输入因子与输出因子之间并非是简单的线性关系，本节选择 S 型函数作为模型激活函数。

（2）BP 神经网络模型

BP 神经网络模型是机器学习的一种简单模型，它主要分为输入层、隐含层与输出层（图 4-11）。监督学习过程是，将信息从输入层经由隐含层逐级计算正向传送到输出层，随后判断输出值与期望值误差，若过大则计算输出的实际值与期望值之间的误差，采用反向传播把误差由之前的输出层再次传递到输入层，并且不断调整各层之间的权值，经过数次反复的信息正向传递和误差反向传播，最终将误差调整至可接受范围，得到期望输出值（虞娟，2005）。

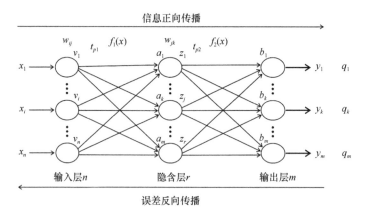

图 4-11　BP 神经网络模型的结构概化

假定共有 P 个神经元，其中第 p 个神经元的输入层为 n，隐含层为 r，输出层为 m，输入层至隐含层的权值是 w_{ij}，阈值是 t_{p1}，隐含层至输出层的权值是 w_{jk}、阈值是 t_{p2}，输入层与隐含层之间的传递函数是 $f_1(x)$，隐含层与输出层之间的传递函数是 $f_2(x)$，期望输出值为 Q，则：

输入层的输入向量：

$$X = [x_1, x_2, \cdots, x_i, \cdots, x_n]^T \tag{4-1}$$

式中，$x_1, x_2, \cdots, x_i, \cdots, x_n$ 为各个输入样本向量。

输入层的输出向量：

$$V = [w_{1j}x_1+t_{p1}, w_{2j}x_2+t_{p1}, \cdots, w_{ij}x_i+t_{p1}, \cdots, w_{nj}x_n+t_{p1}]^T$$
$$= [v_1, v_2, \cdots, v_i, \cdots, v_n]^T \tag{4-2}$$

式中，$i = 1, 2, 3, \cdots, n$ 分别为输入向量第 j 列的所有行，w_{ij} 为第 j 列所行的输入层至隐含层的权值。

隐含层的输出向量：
$$Z = [f_1(v_1), f_1(v_2), \cdots, f_1(v_i), \cdots, f_1(v_j)]^{\mathrm{T}}$$
$$= [z_1, z_2, \cdots, z_j, \cdots, z_r]^{\mathrm{T}} \tag{4-3}$$
式中，$j = 1, 2, 3, \cdots, r$ 为输入层和隐含层之间的传递函数顺序。

隐含层的输入向量：

$$A = [w_{j1}z_1+t_{p2}, w_{j2}z_2+t_{p2}, \cdots, w_{jk}z_j+t_{p2}, \cdots, w_{jm}z_m+t_{p2}]^{\mathrm{T}}$$
$$= [a_1, a_2, \cdots, a_k, \cdots, a_m]^{\mathrm{T}} \tag{4-4}$$
式中，w_{jk} 为第 j 行所有行的输入层至隐含层的权值，$k = 1, 2, 3, \cdots, m$ 为隐含层与输出层之间的传递函数顺序。

输出层的输出向量：
$$Y = [f_2(a_1), f_2(a_2), \cdots, f_2(a_k), \cdots, f_2(a_m)]^{\mathrm{T}}$$
$$= [y_1, y_2, \cdots, y_k, \cdots, y_m]^{\mathrm{T}} \tag{4-5}$$
式中，$k=1, 2, 3, \cdots, m$ 为隐含层与输出层之间的传递函数顺序。

输出层的输入向量：
$$B = [b_1, b_2, \cdots, b_k, \cdots, b_m]^{\mathrm{T}} \tag{4-6}$$
式中，$b_1, b_2, \cdots, b_k, \cdots, b_m$ 为各个输出层的输入样本向量。

输出值与期望值之间的误差：
$$E = Q - Y \tag{4-7}$$
式中，Q 为期望输出值。

第 p 个神经元的净输入量 S_p：
$$S_p = \sum_{i=1}^{n}(w_{ij}x_i + t_{p1}) \tag{4-8}$$

隐含层的输出量：
$$z_j = f_1\left(\sum_{i=1}^{n}\left(w_{ij}x_i + t_{p1}\right)\right) \tag{4-9}$$

输出层的输出量：
$$y_k = f_2\left(\sum_{j=1}^{r}\left(w_{jk}z_j + t_{p2}\right)\right) \tag{4-10}$$

采用平方型误差，则：
$$E_k = \frac{1}{2}\sum_{k=1}^{m}\left(q_k - y_k\right)^2 \tag{4-11}$$

若误差 E_k 小于目标误差，说明该样本学习训练的误差满足要求，即可结束该样本的学习训练；反之，则误差反向传播，并不断调整权值，直至误差小于给定的目标误差。

在误差反向传播过程中，需要不断调整权值缩小误差，最终达到期望目标，具体算法为：

假定输入 H 个样本，第 h 个样本的实际输出值是 y_k^h，期望输出值是 q_k^h，则总误差：

$$E = \frac{1}{2}\sum_{h=1}^{H}\sum_{k=1}^{m}\left(q_k^h - y_k^h\right) = \sum_{h=1}^{H}E_h \tag{4-12}$$

式中，$h = 1, 2, 3, \cdots, H$。

通过累计误差 BP 算法来调整权值 w_{ij}、w_{jk}，以减小总误差 E，那么隐含层至输出层的权值 w_{jk} 如下：

$$\Delta w_{jk} = -\eta\frac{\partial E}{\partial w_{jk}} = \sum_{h=1}^{H}\left(-\eta\frac{\partial E_h}{\partial w_{jk}}\right) \tag{4-13}$$

式中，η 是学习率。

定义误差信号：

$$\delta_{jk} = -\frac{\partial E_h}{\partial S_k} = -\frac{\partial E_h}{\partial y_k}\frac{\partial y_k}{\partial S_k} \tag{4-14}$$

$$\frac{\partial E_h}{\partial y_k} = \frac{\partial}{\partial y_k}\left[\frac{1}{2}\sum_{k=1}^{m}\left(q_k^h - y_k^h\right)^2\right] = -\sum_{k=1}^{m}\left(q_k^h - y_k^h\right) \tag{4-15}$$

$$\frac{\partial y_k}{\partial S_k} = f_2{}'\left(S_k\right) \tag{4-16}$$

其中，（4-14）是输出层传递函数的偏微分，那么：

$$\delta_{jk} = \sum_{k=1}^{m}\left(q_k^h - y_k^h\right)f_2{}'\left(S_k\right) \tag{4-17}$$

根据链定理可得：

$$\frac{\partial E_h}{\partial w_{jk}} = \frac{\partial E_h}{\partial S_k}\frac{\partial S_k}{\partial w_{jk}} = -\delta_{jk}z_j = -\sum_{k=1}^{m}\left(q_k^h - y_k^h\right)f_2{}'\left(S_k\right)z_j \tag{4-18}$$

那么，输出层的权值调整公式是：

$$\Delta w_{jk} = \sum_{h=1}^{H}\sum_{k=1}^{m}\eta\left(q_k^h - y_k^h\right)f_2{}'\left(S_k\right)z_j \tag{4-19}$$

同理可得，输入层至隐含层的权值 w_{nj} 如下：

$$\Delta w_{nj} = -\eta \frac{\partial E}{\partial w_{nj}} = \sum_{h=1}^{H} \left(-\eta \frac{\partial E_h}{\partial w_{nj}} \right) \tag{4-20}$$

定义信号误差：

$$\delta_{nj} = -\frac{\partial E_h}{\partial S_j} = -\frac{\partial E_h}{\partial z_j} \frac{\partial z_j}{\partial S_j} \tag{4-21}$$

$$\frac{\partial E_h}{\partial z_j} = \frac{\partial}{\partial z_j} \left[\frac{1}{2} \sum_{j=1}^{m} \left(q_k^h - y_k^h \right)^2 \right] = -\sum_{j=1}^{m} \left(q_k^h - y_k^h \right) \frac{\partial y_k}{\partial z_j} \tag{4-22}$$

$$\frac{\partial z_j}{\partial S_j} = f_1{}'\left(S_j \right) \tag{4-23}$$

是输入层至隐含层传递函数的偏微分。

其中，根据链定理：

$$\frac{\partial y_k}{\partial z_j} = \frac{\partial y_k}{\partial S_k} \frac{\partial S_k}{\partial z_j} = f_2{}'\left(S_k \right) w_{jk} \tag{4-24}$$

那么：

$$\delta_{nj} = \sum_{j=1}^{m} \left(q_k^h - y_k^h \right) f_2{}'\left(S_k \right) w_{jk} f_1{}'\left(S_j \right) \tag{4-25}$$

再次，根据链定理：

$$\frac{\partial E_h}{\partial w_{nj}} = \frac{\partial E_h}{\partial S_j} \frac{\partial S_j}{\partial w_{nj}} = -\delta_{nj} x_i = -\sum_{j=1}^{m} \left(q_k^h - y_k^h \right) f_2{}'\left(S_k \right) w_{jk} f_1{}'\left(S_j \right) x_i \tag{4-26}$$

那么，隐含层的权值调整公式是：

$$\Delta v_{nj} = \sum_{h=1}^{H} \sum_{j=1}^{m} \eta \left(q_k^h - y_k^h \right) f_2{}'\left(S_k \right) w_{jk} f_1{}'\left(S_j \right) x_i \tag{4-27}$$

BP 神经网络模型的激活函数一般有线性函数、阈值型函数、分段线性函数，以及 S 型（Sigmoid）函数（虞娟，2005）。预测岸线变迁，输入因子和输出因子往往不是单一的线性关系，故选定的传递函数模型为单极性 S 型函数：

$$f\left(x \right) = \frac{1}{1 + e^{-x}} \tag{4-28}$$

基于机器学习的最大训练次数设定为 50 000 次，学习率是 0.05，目标误差设定成 0.001。

基于 BP 神经网络预测的方法共两种：一种是根据自身已有的数据来预测未来数据；第二种是根据自身已知的属性来预测未知的属性。本节的思路是基于第一种方式预测大通站未来某年年输沙与年均流量，随后将预测得到的未来年输沙量和年均流量采用第二种方法以预测未来岸线变化趋势。

（3）不同等深线离海堤距离计算

由于环崇明岛−2m、−5m 等深线变化极为复杂，为较准确得到相对位置的距离值，将每隔 10m 设置一个断面，随后计算不同断面等深线变化速率。数字岸线分析系统（the digital shoreline analysis system，DSAS）是 ArcGIS 软件中的一个免费应用程序，用以计算不同海岸线在时间序列上的变化速率（Thieler et al.，2009）。目前，DSAS 主要利用四种方法来计算岸线变化率，分别是①端点变化率；②简单线性回归；③加权线性回归；④最小二乘法。具体操作方式如下：首先确定一条基线，设置断面间距及长度，根据选定的基线生成等间隔的不同断面线，之后根据既定基线与空间叠加后各时段的等深线可以计算不同断面上等深线变化速率。

等深线的变化速率可用五种参数描述，分别是：①岸线变化轨迹（SCE），计算每个断面上岸线距基线最远和最近距离之差，用以描述各断面上岸线移动的总运动量；②净岸线移动量（NSM），计算每个断面上最早与最晚年份之间的距离；③线性回归率（LRR），通过最小二乘法拟合每个断面上所有岸线距基线的距离，直线斜率就是线性回归率；④终点速率（EPR），将 NSM 除以最早与最晚年份之间的时间；⑤加权线性回归（WLR）与最小平方中值（LMS），两者皆是对线性回归率的进一步精确，未来最大程度地降低异常值对线性回归方程的影响（Thieler et al.，2009）。本节每隔 10m 一个断面的不同年份 0m、−2m 与−5m 等深线距岸堤距离通过计算 NSM 获得。

（4）模型输入与输出因子的获取

输入因子年输沙量和年均流量均来源于长江水利委员会的大通站水文数据，不同等深线的距堤位置在 ArcGIS 软件中通过 DSAS 方法获取。基于环崇明岛已有不同年份实测水深数据插值构建 DEM，利用 ArcGIS 软件 contour list 工具分别生成 0m、−2m 与−5m 等深线，本节共获取 6 个年份完整的等深线，分别是 1984年、1997 年、2002 年、2009 年、2013 年及 2016 年。随后在崇明环岛岸堤内部构建一条基线，通过 DSAS 以 10m 为均等间距生成不同断面，整个环岛共计生成15 817 个断面，其中八滧港附近为断面 1，按逆时针方向依次递增（图 4-12）。假定崇明环岛岸堤是 2018 年的基础岸线，依次获得不同年份的 0m、−2m 与−5m 等深线与环岛岸堤在不同断面上的净岸线移动量（NSM），即 6 个年份不同等深线与 2018 年岸堤之间的距离，此为 0m、−2m 与−5m 等深线的距堤距离。由于部分断面上的 0m、−2m 与−5m 等深线并不齐全，尤其是崇明北支很多区域的水深不足−5m，难以生成−5m 等深线，这就可能因缺失部分输入因子而无法通过本模型预测 0m 岸线未来变迁趋势，故本节中这部分断面就不作考虑，模型共预测 10 348个断面的 0m 岸线变化特征。

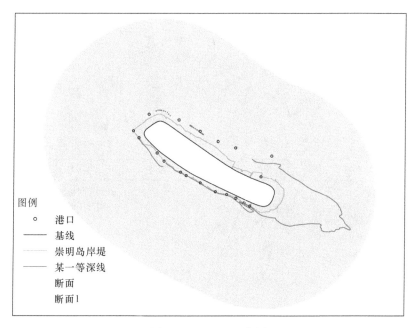

图 4-12　DSAS 示意图

　　最后，为预测未来 2030 年、2050 年及 2100 年的 0m 岸线变迁趋势，准确获取预测年份的输入因子成为模型构建的关键之一。前述提及大通站年输沙量目前正在不断减少，从 1955 年的将近 $5×10^8$t 下降到 2016 年的 $1.5×10^8$t，锐减近 70%，目前仍在持续下降，年均流量呈现持续波动变化的状态（图 4-1）。考虑到长江多年入海水沙变化存在一定的延续性，即具有自我时间的记忆能力，这里以大通站 1955～2016 年已有连续年输沙量和年均流量数据为学习训练样本，构建 BP 神经网络预测模型，可获取未来的年均流量与年输沙量。其中，年均流量以 1955～1981 年作为输入，输出 1982 年；以 1956～1982 年作为输入，输出 1983 年，以此类推，1989～2015 年作为输入，输出 2016 年，隐含层数设置为 8，共建立 35 组学习样本，预测结果的相对误差不超过 0.008%（图 4-13a）。最终预测 2017～2100 年的年均流量（图 4-14），结果表明 2030 年、2050 年及 2100 年的年均流量分别是 28 187.88m^3/s、25 421.28m^3/s 与 20 860.47m^3/s。

　　同理，年输沙量以 1955～1988 年作为输入，输出 1989 年；以 1956～1989 年作为输入，输出 1990 年，以此类推，1982～2015 年作为输入，输出 2016 年，隐含层数设置为 2，共建立 28 组学习样本，预测结果的相对误差不超过 0.16%（图 4-13b）。最终预测 2017～2100 年的年输沙量（图 4-15），结果表明 2030 年、2050 年及 2100 年的年输沙量分别是 $7.136×10^7$t、$6.648×10^7$t 与 $6.646×10^7$t。

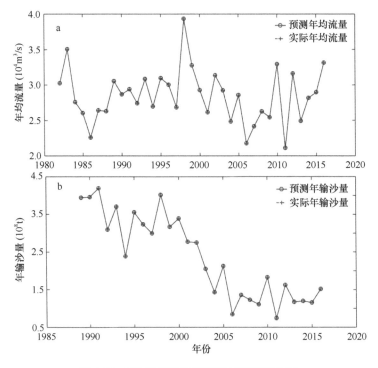

图 4-13 BP 神经网络预测值与实际值比较

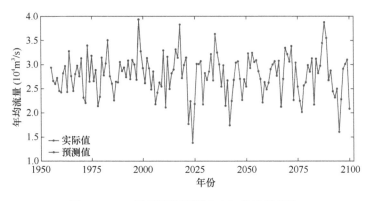

图 4-14 BP 神经网络预测未来年均流量变化

由于长江入海泥沙急剧减少、未来海平面上升，以及高强度人类活动等因素的多重胁迫下，目前无法精确获取 2030 年、2050 年及 2100 年环崇明岛区域–2m、–5m 等深线位置。本节通过假定只有海平面上升对水深的单一影响，初步估计 2030 年、2050 年及 2100 年的–2m、–5m 等深线位置。根据自然资源部发表的《2018 年中国海平面公报》，1980～2018 年中国沿海地区的海平面年均升高 3.3mm，若未来继续保持 3.3mm/yr 的上升速率，那么 2016 至 2030 年、2050 年及 2100 年期间环崇明岛区域海平面分别升高约 46.2mm、112.2mm 与 277.2mm。基于 2016 年水深数据,叠加海平面上升的影响,利用 ArcGIS 中 contour list 工具生成 2030 年、2050 年及 2100 年的–2m、–5m 等深线。进而通过 DSAS 计算不同断面上–2m 与–5m 等深线的距堤距离,作为后续预测 0m 岸线变迁的输入因子。

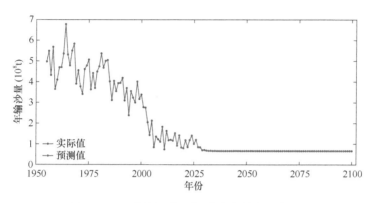

图 4-15 BP 神经网络预测未来年输沙量变化

4.3.2 未来岸线变迁趋势

利用上一节确定的大通站年输沙量、年均流量及–2m、–5m 等深线距堤距离作为 BP 神经网络模型的输入因子,0m 岸线距堤距离作为输出因子,基于 1984 年、1997 年、2002 年、2009 年、2013 年及 2016 年共 6 年的样本数据,预测未来 2030 年、2050 年及 2100 年的 0m 岸线变迁趋势。

分别提取崇明北支、东滩及南侧的部分断面,对比其样本年份 1984～2016 年之间 0m 岸线距堤位置的实际值与预测值(表 4-1)。根据选取的部分断面预测未来 2030 年的岸线变化(表 4-1),结果表明断面 1、2900 与 3400 处样本误差相对比较大,尤其是断面 2900 上的 1984 年 0m 岸线距堤距离的相对误差高达 32.89%。由于断面 1、2900 及 3400 分别位于八滧港与八滧港北附近,考虑到南部港口附近人类活动剧烈,加之崇明北沿频繁开展围垦工程,这对岸线变化具有不可忽略的影响,因此港口附近的岸线检验预测误差会相对偏高一些。除港口附近的断面,整体而言,环岛区域 10 348 个断面预测的 0m 岸线位置的相对误差不超过 1%,可见基于 BP 神经网络的机器学习后,整体误差较小。

基于 BP 神经网络模型预测的 2030 年 0m 岸线距堤位置表明(图 4-16),在 2016～2030 年近 15 年期间内,北支 0m 岸线发生轻微向外淤进,老滧港北附近平均淤进 50～80m,而随后至 2100 年整体有所缩退(图 4-16a)。未来直至 2100 年期间内,崇明南部 0m 岸线基本上呈现持续向岛蚀退的状态,尤其是 2016～2030 年鸽龙港附近向岸蚀退超过 170m,之后 2030～2050 年、2050～2100 年分别再次

表 4-1　BP 神经网络对 2030 年 0m 岸线的预测距离与实际距离比较

断面	年份	实际距离（m）	预测距离（m）	绝对误差（m）	相对误差（%）
1	1997	421.72	423.81	2.09	0.50
	2002	519.96	517.69	2.27	0.44
	2009	313.53	313.18	0.35	0.11
	2016	484.48	485.43	0.95	0.20
1 700	1997	5 639.43	5 643.62	4.19	0.07
	2002	5 314.77	5 308.85	5.92	0.11
	2009	7 079.77	7 058.97	20.8	0.29
	2013	6 777.73	6 793.96	16.23	0.24
	2016	6 427.28	6 432.48	5.2	0.08
2 900	1984	74.52	50.01	24.51	32.89
	2002	2 315.40	2 279.8	35.6	1.5
	2013	3 970.87	3 936.98	33.89	0.85
	2016	4 255.95	4 296.77	40.82	0.96
3 400	1984	1 391.81	1 354.1	37.71	2.7
	2002	2 266.13	2 317.72	51.59	2.27
	2013	5 128.27	5 140.75	12.48	0.24
	2016	5 773.07	5 750.11	22.95	0.40
13 000	1984	335.26	335.45	0.19	0.06
	1997	300.74	300.88	0.14	0.05
	2002	337.57	337.09	0.48	0.14
	2016	316.51	316.73	0.22	0.07

向岛蚀退 37m 与 22m，鸽龙港以西 0m 岸线已移至目前岸堤内（图 4-16b）；堡镇以西 4.5km 区段与四滧港-奚家港段至 2030 年基本上向岛缩退 70～150m，随后继续持续向岛缩退，未来 2100 年各个港口附近 0m 岸线逼近岸堤位置（图 4-16c～e）。崇明东滩部分 0m 岸线的变动较为明显，除东滩南部及北部均发生轻微向岸退缩外，东滩东部 0m 岸线部分向海淤进（图 4-16f）。可见未来近十几年内，崇明南部与东滩南沿与北沿部分区域主要呈现冲刷状态，而北支与崇明东滩东部仍以淤积为主。岸线变迁引起崇明岛周边岸滩相应改变，预测至 2030 年、2050 年与 2100 年崇明南部高滩面积分别为 13km² 、11.8km² 与 7.7km² ，东滩高滩面积分别为 128.4km² 、130.5km² 与 132.3km² 。相比于 2019 年南部高滩面积 24km² 与东滩高滩

面积（不含北港北沙）134.85km^2，南部高滩面积不断减少，东滩高滩也是如此，整体面积也是处于减少状态。

由于 2030 年、2050 年及 2100 年的–2m、–5m 等深线距堤位置是在假设未来海平面始终保持平均 3.3mm/yr 上升速率的前提下初步获取的数据，倘若未来近几十年内海平面上升速率加剧，引起水深加大，潮流和波浪作用相应增强，最终可能导致侵蚀型岸线蚀退速率增大，淤涨型岸线淤进速率减小，而原来稳定型岸线会发生蚀退。可见，海平面变化也是引起 0m 岸线变迁的影响因素之一。因此，若将海平面高度加入到输入因子中，再次构建 BP 神经网络模型预测未来至 2030 年、2050 年及 2100 年的环岛 0m 岸线变化（图 4-17），结果表明，老滧港北附近 0m 岸线呈现向内蚀退的趋势（图 4-17a）。南侧岸线变动较为复杂，其中鸽龙港附近向岛缩退程度加大，2016～2030 年内蚀退约 171m，随后 2030～2050 年与 2050～2100 年时段分别再次蚀退约 59m 与 81m（图 4-16b）；四滧港-八滧港段在 2016～2050 年期间岸线蚀退程度加剧，而随后 2050～2100 年却有所淤进（图 4-17d、e）；此外，庙港与堡镇附近 0m 岸线蚀退程度有所减缓（图 4-16b、c）。2016～2030 年内东滩最远向外淤进约 1760m，而随后向岛蚀退，可见东滩岸线淤进减缓直至呈现蚀退的趋势（图 4-17f）。因而在海平面上升的影响下，环岛淤涨型岸线淤进程度减缓，甚至变化为蚀退状态（老滧港北与东滩东部），而蚀退型岸线蚀退程度更为剧烈（鸽龙港及四滧港-八滧港段）。可见，崇明南部 0m 岸线向岛缩退的程度或将更大，这将直接对崇明岛南侧岸堤稳定产生威胁，同时也让崇明景观大堤的建设存在风险。

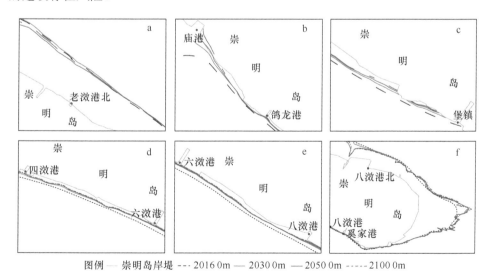

图例 —— 崇明岛岸堤 --- 2016 0m —— 2030 0m —— 2050 0m ----- 2100 0m

图 4-16 BP 神经网络预测未来 2030 年、2050 年与 2100 年岸线变化

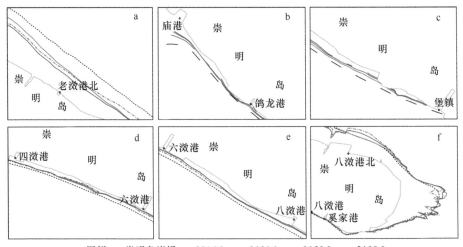

图例 —— 崇明岛岸堤 ---- 2016 0m —— 2030 0m —— 2050 0m --- 2100 0m

图 4-17 海平面上升影响下未来 2030 年、2050 年与 2100 年岸线变化

4.4 小 结

本章主要分析影响崇明岛滩涂的主控要素,进而基于 BP 神经网络的机器学习预测不同情景的滩涂岸线在 2030 年、2050 年及 2100 年的变化趋势。研究发现,扁担沙与新桥水道这一横亘于崇明南部水域的滩槽体系的变化很可能在较大程度影响南部潮滩冲淤,即扁担沙面积与体积的扩大逼迫新桥水道北偏,引起河槽主流偏北而控制滩涂难以外延,甚至出现侵蚀。长江入海水沙及局部河槽分水分沙比的变化引起环崇明岛北部滩涂持续淤积,南部滩涂泥沙物质减少将加剧侵蚀风险,东部滩涂则可能因泥沙物源由先前陆域而转为局地及海域从而维持其淤涨。从长远来看,特别是考虑未来长江入海水沙的变异和海平面上升,未来北支 0m 岸线稍向外推进。崇明南部 0m 岸线基本上呈现向岛蚀退,在鸽龙港附近最为显著;堡镇附近与四滧港-奚家港段呈现持续向岛蚀退趋势,岸线逼近崇明岛岸堤位置。崇明东滩区域南部与北部都呈现略微向岛缩退,其东部淤积较缓。此外,海平面上升导致环崇明岛岸线淤进程度减小,甚至转变为蚀退状态(老滧港北与东滩东部),而蚀退型岸线蚀退程度加大(鸽龙港及四滧港-八滧港段)。南部岸线的蚀退与岸滩面积减少对崇明岸堤稳定存在一定威胁。东部潮滩即便相对宽阔,但亦呈现面积减少状态。

第五章　崇明岛海堤前沿滩涂防浪特征

5.1　滩涂植被防浪概述

滨海湿地生态系统被认为是海岸带天然的绿色缓冲屏障，在保护海岸带安全和应对未来风险中起着重要作用。以植被防护为例，植物复杂的三维结构与潮汐及海浪的相互耦合过程中将产生能量耗散（Augustin et al.，2008）从而导致波衰减（Möller et al.，1999；Mendez and Losada，2004；Koch et al.，2009），减少到达堤坝的波浪能量（Willemsen et al.，2020）。因而，滩涂植被具有减弱风暴潮动力的显著作用（Wamsley et al.，2010；Temmerman et al.，2012），包括影响风暴潮强度、速度、持续时间及影响范围（Zhang et al.，2012；Hu et al.，2015），减缓水流和减少地貌冲刷（Nepf，1999）。

目前已经有不少学者研究了滩涂对不同能级波浪的消浪能力。例如，Mazda等（1997）发现越南北部海岸每 100m 宽的成熟红树林区域可衰减自外海传播到林间波浪能量的 20%，波浪衰减伴随水深增加而有增加趋势。Möller 等（1999）的成果表明，英国北部诺福克海岸在大潮条件下，盐沼潮滩可消耗波浪能量的 82%，其中砂质光滩平均耗散率为 29%，由此可见有植被的滩涂对波浪的衰减能力明显高于光滩。Kathiresan 和 Rajendran（2005）在印度孟加拉海湾附近海岸的观测结果显示，盐沼植被对于波浪具有衰减作用，但在海啸波影响下，红树林被破坏程度最小，是最适合抵御海啸的海岸植被。Möller（2006）在对比英国东部潮间带盐沼潮滩的植被生物量、密度、树冠结构等，发现不同的水动力环境下植被密度、类型对波浪的衰减没有显著的直接影响。Riffe 等（2011）在斯卡吉特海湾附近的工作表明，波浪在天然盐沼植被中的耗散约为刚性植被预期耗散的一半。Jadhav 和 Chen（2013）利用热带风暴期间的实测资料，发现波浪经过互花米草潮滩的频谱能量显著耗散。宋连清（1997）基于浙江南部海岸的野外观测发现，波浪经过 10m 的互花米草区域波高降低 6～8cm，消浪效果与植被带宽度成正比。曹大正等（2005）对互花米草的消浪能力进行评估，发现互花米草能起到缓流消浪的作用，由此可减缓风场对海堤的冲击与侵蚀。葛芳等（2018）在崇明岛沿岸设置断面，实测数据显示互花米草具有最强的消浪作用，海三棱藨草的消浪作用相对较弱，同时给出了波浪在海三棱藨草区域的衰减函数多项式。

此外，也有工作聚焦于水槽实验以开展植被响应波浪变化的研究。Fonseca 和

Cahalan（1992）选取四种相对高大的近岸盐沼植被进行实验，发现近岸水草植被可耗散 20%～70%的波能。Ota 等（2005）在水槽实验中发现，当植被高度只有水深一半时，波浪耗散量降低 10%。Bouma 等（2005）对比刚性植被与柔性植被的消浪能力，发现刚性植被的消浪作用是柔性植被的三倍。Lan（2020）的实验表明，不同密度植被覆盖条件下植被的能量耗散作用有明显差异。Stratigaki 等（2011）利用 PVC 圆柱管进行 1∶1 水槽建模，发现植被在水中所占比例越大，能引起的波浪耗散越明显。John 等（2015）在室内波浪槽用不同密度的草甸做试验，结果表明波高沿植被草甸呈指数衰减，证实了植被可对海岸起保护作用。白玉川等（2005）以广东和海南等地区的海滩防护林特征为原型，设计等比例缩小的室内水槽模型，认为防护林的建设应当考虑波浪传播方向及防护林宽度，指出防护林宽度较小的情况下，容易发生"共振"现象。冯卫兵等（2012）在室内波浪槽试验揭示出柔性植物的消浪效果与植被随波浪"振荡"的频率有关，植被与波浪发生"共振"，会大大减弱植被的消浪效果。陈杰等（2017）利用 PVC 圆管模拟刚性植物，试验结果表明近岸植被对规则波与孤立波均有较好的耗散作用，能量耗散在 50%左右。

简而言之，滩涂植被在低能和高能状态对波浪的耗散是极其复杂的过程。植物特性、流体动力学条件与局部区域环境的相互作用会影响滩涂植被的最终防护效果。海岸波浪具有很强的非线性，受径流、风场等影响还具有潮不对称性。波浪的轨迹和速度还受水深的影响。波浪的非线性对植被区能量衰减有正向影响（Wu and Daniel，2015；Phan et al.，2019）。在潮滩近岸，波高随浅滩效应增加直至破碎，水深、波高及波能强度会对岸滩植物的生存及生态功能产生很大影响（Zhang et al.，2017）。反过来，植被的不同特性会造成波浪自海向陆传播过程中的消浪减能差异，如高度（He et al.，2019）、水平分布和垂直密度等（徐海珏等，2020；刘达等，2015）。由于不同物种生长特点差异很大，其波浪衰减的行为表现也有所不同。芦苇（Li et al.，2015）、互花米草（Maza et al.，2019）、蔍草（Yang，1998）、红树林（Cao et al.，2016；Horstman et al.，2014）、海草床（Chen et al.，2007）及珊瑚（Hearn，2011）等生态系统具有不同的消耗波能、减缓水层底部流速、促进悬沙落淤、降低床面侵蚀等功能。

基于此，崇明岛滩涂植被的差异、局部环境条件的变化，以及水文动力条件等都可能有别于世界其他区域，如需进行滩涂绿色堤防，则不仅需借鉴世界其他已有成果，更需要进行实地观测、计算和分析环岛潮滩植被的消浪特征。

5.2 潮滩植被常浪影响下的能耗分析

5.2.1 常浪环境的断面设置及计算方法

为了观测海岸带湿地植被对波浪消减的作用，同时也考虑到崇明岛南部潮滩的变化直接关联崇明生态岛绿色堤防安全，故在崇明岛南部潮滩选择了藨草属 *Scirpus* 和芦苇属 *Phragmites* 的两种植被的观测样带（样带-S 和样带-P，图 5-1），分别代表长江口湿地典型的莎草科和禾本科植被群落。样带-S 和样带-P 分别为藨草属植物和芦苇单一群落。观测季节为植物生长季初期（5 月 5~8 日）、生长高峰期（9 月 14~17 日）和生长季后期（11 月 11~14 日），该观测时间和当月的大潮（潮高> 4m）时间一致。样带设置垂直于植被边缘，与波浪前进方向大致相同。每条样带共设立 4 个观测点，起始于植被边缘外的光滩，在植被内部以植被宽度 25m、50m、100m 进行布点。部分样点如图 5-2 所示。测量了波浪在通过植被带前的入射波高与通过一定宽度的植被带之后各个样点处的波高，对比分析波浪衰减程度（Zhang et al.，2022）。据当地气象记录，调查期间风速不强（最大风速小于 10m/s），因此本研究未分析风况对波浪衰减的影响。

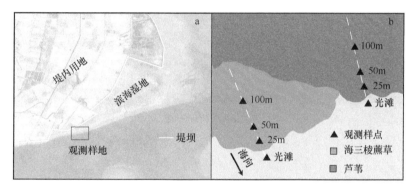

图 5-1　崇明岛海岸带植被消浪研究区域及观测点示意图

光滩样点

各生长季藨草50m样点

各生长季蔗草100m样点

各生长季芦苇50m样点

11月不同植被宽度的芦苇样点

图 5-2　不同时期和不同植被宽度下的样点示例（张玮　拍摄）

使用自测浪潮仪（SBE-26plus，Sea-Bird Electronics Inc.，USA）测量沉积物表面上方的波浪和潮水深度。沿海岸横断面进行测量，以比较裸露的光滩场地（无植被）和具有不同植被带宽度的沼泽场地之间的波高变化。仪器的安装位置在测量期间确定，并通过在部署过程中检查水面高程进行校准（< 5cm 的垂直移动）。监测设置为每 5 min 测量一次，每次记录 1024 个值，间隔时间设置为 0.25s。获得的主要参数包括有效波高和压力传感器深度（即压力探头与水面之间的垂直距离）。实际水深为水面到底床的垂直距离，即仪器压力探头记录的水深加上探头到床面的距离（15cm）。软件 Sea-Bird SeasoftWaves 用于处理监测数据。

波浪消减的方法较多，考虑到波浪高度随着植被的传播距离呈指数级下降，波衰减可以近似为形态的指数函数（Kobayashi et al., 1993）。波浪消减率 P 和波衰减系数 K（m^{-1}）可表示为：

$$P = \left(1 - \frac{H_x}{H_0}\right) \times 100\% \tag{5-1}$$

$$K = -\ln\left(\frac{H_x}{H_0}\right)/x \tag{5-2}$$

其中，H_x（m）为植被中为距离 x 的有效波高，H_0（m）是植被边缘光滩处的有效波高，x（m）是植被区域内的跨岸距离，本节即基于上述公式计算波浪的衰减。

在潮汐淹没的情况下，计算了沼泽地与光滩的相对水深（D_R，m）：

$$D_R = D_0 - (E_x - E_0) \tag{5-3}$$

式中，D_0（m）为滩涂实测水深，D_0（m）为滩涂标高，E_x（m）为沼泽地标高，x 为进入植被的距离，分别代表 25m、50m 和 100m。

5.2.2 潮滩植被时空变化特征

植被采样和测量在样带-S 和样带-P 浪潮仪布设位置 10m 左右进行，蕉草样地中随机选取四个 0.2m × 0.2m 样方，芦苇样地中随机选取四个 0.5m × 0.5m 的样方。植被密度通过对每个样方内的植物株树进行统计，取平均值后再根据样方面积换算。然后齐地剪切植物地上部分，先测量基部茎秆直径，随后测量从植物齐地处茎基到茎尖的距离为株高。样品装袋带回后冲洗掉泥浆和其他颗粒物，经 60℃干燥箱烘干至恒重测定生物量，再结合样方面积计算单位面积植物地上生物量。

蕉草和芦苇植被特性的季节和空间变化如图 5-3 所示。一般而言，蕉草的植株密度、株高、基径和地上生物量等特性从生长早期（即春季 5 月）到夏季增加，然后秋季迅速减少。蕉草的茎密度和生物量最低值出现在前沿潮滩（沿海向到光滩 25m），所有特性的峰值出现在中潮滩。芦苇的基径和生物量在 5～11 月的生长期间和从植被边界到高潮滩均有增加。芦苇的茎密度和高度表现出轻微的季节和空间变化。

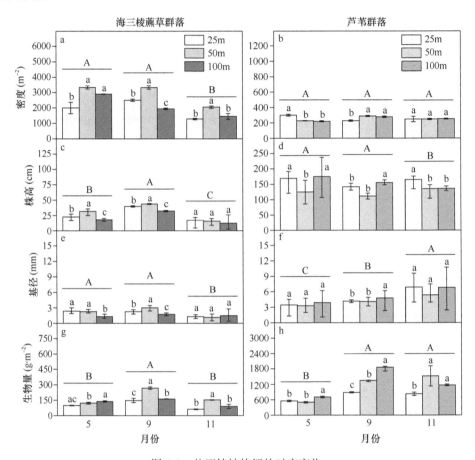

图 5-3 盐沼植被特征的时空变化

小写字母表示同一季节内不同植被宽度下各植被特征的差异显著性；大写字母表示不同季节间各植被特征的差异显著性

5.2.3 常态条件的波浪沿程变化过程

波高是重要的海浪要素。由于海面波浪是各种不同波高、周期、进行方向的多种波的无规则组合，因此单个波浪的波高值没有代表性。在实际评价海浪时经常使用有效波高（significant wave height）这一参数。代表了在某一时段内 n 个波浪组成的波群中，将波列中的波高由大到小依次排列，确定前 $n/3$ 个波为有效波，有效波高则等于这 $n/3$ 个波的平均波高。

（1）显著波高与水深的关系

监测期间，在光滩和植被区测量的水深和显著波高如图 5-4 所示（仅涨潮期间）。一般来说，盐沼地的波浪高度低于光滩，并且随着从盐沼边缘向内部盐沼的距离而降低。波高与水深有很强的相关性，相关系数从 0.506 到 0.982 不等（图 5-5）。除 5 月 25m 处的蘸草盐沼和 50m 处的芦苇盐沼外，盐沼的波高与水深的相关性强于光滩。在蘸草生长的早期（即 5 月）和后期（即 11 月），波高随着盐沼宽度的增加而明显下降，而在成熟阶段（即 9 月）这种差异不明显。研究期间，芦苇盐沼不同宽度下的波高差异没有蘸草盐沼明显（图 5-5）。

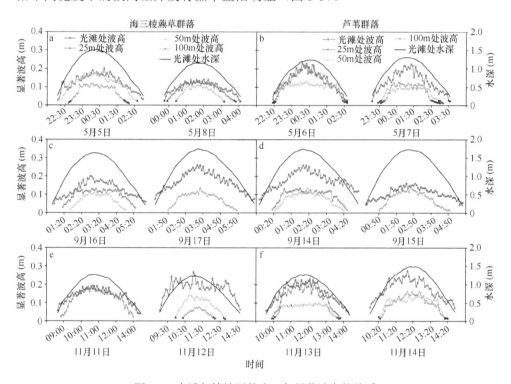

图 5-4　光滩与植被区的水深与显著波高的关系
于 5 月（a，b）、9 月（c，d）、11 月（e，f）大潮期间测量。水深为各个光滩地点的记录值，如图中的黑线所示

（2）植被对先锋区前沿波高-水深关系的影响

在浅水条件下，先锋区前沿植被在未淹没前对波浪有阻挡作用，而波浪由于底摩擦发生衰减。因此，在植被前沿水深对波浪的大小产生不同程度的影响。由于蘸草在不同生长期的生长模式不同，在生长前沿的高度差异较大，因此根据各月先锋植物蘸草前沿的植株高度确定研究的水深范围。5 月蘸草前沿齐整，密度高，高度均匀；9 月蘸草向海扩张，呈分散分布，密度和高度随植被宽度增加而增加；11 月蘸草开始枯黄，茎刚度下降，同时受水动力的剪切作用而断裂。因此，

根据各季节实地测量结果，水深上限值分别确定为 0.43m（5 月）、0.34m（9 月）、0.06m（11 月）（图 5-6）。

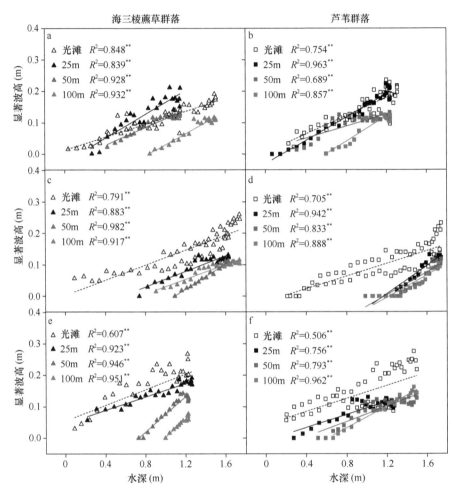

图 5-5　涨潮期间水深与显著波高之间的关系（按盐沼宽度分类）

测量时间：5 月（a、b）、9 月（c、d）和 11 月（e、f）

　　5 月，水深 $D<0.28$m 时有效波高缓慢上升，变化值 $\Delta H<1$cm；D 为 0.28～0.43m，波高迅速增加至 7cm，出现了壅高现象。9 月，$D<0.34$m 时，有效波高缓慢上升，变化值 $\Delta H<1$cm；D 为 0.34～0.4m 时，有效波高迅速增加了 3cm。11 月，$D<0.06$m，有效波高从 0 增加至 2cm。这表明，在植被前沿对波高具有壅高效应。植被高度是主要影响因素。植被的分布模式也是一个重要影响因素，齐整分布比分散分布的壅高效应更强。

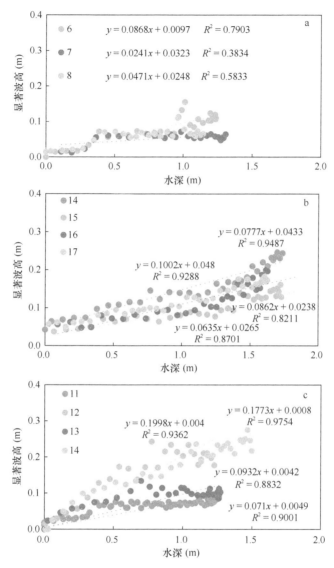

图 5-6　研究样地光滩处有效波高与水深的关系

调查时间：a. 5 月；b. 9 月；c. 11 月

（3）波浪的沿程衰减变化

波浪衰减率和衰减常数（K 值）用于量化不同季节蕉草和芦苇盐沼不同宽度内的波浪衰减效应。所有测量周期都表明，波浪衰减和 K 值随着水深的增加而减小（图 5-7）。在生长早期（即 5 月），50m 和 100m 宽度蕉草盐沼的波浪衰减率大于 25m 宽度的盐沼。无论盐沼宽度如何，当水深大于 0.6m 时，在蕉草盐沼中都没有观察到波浪衰减。在芦苇盐沼中，波浪衰减随着盐沼宽度的增加而增加（图

5-7b）。在 100m 的盐沼宽度内，芦苇盐沼的波浪衰减略高于蔗草盐沼。然而，当盐沼宽度为 25m 时，芦苇盐沼的波浪衰减效果低于蔗草盐沼。在 25m 盐沼宽度内的蔗草盐沼和 100m 盐沼宽度内的芦苇盐沼中观察到各自的最高 K 值（图5-8a、b）。

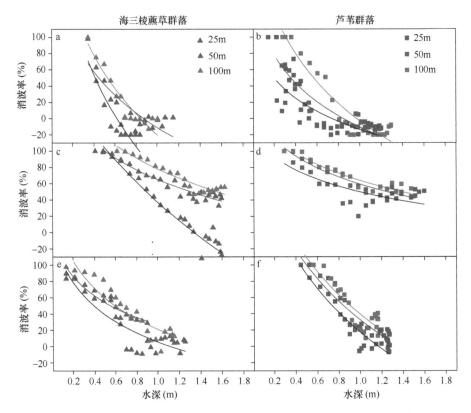

图 5-7　蔗草盐沼（左图）和芦苇盐沼（右图）波浪衰减的季节和空间变化
a,b：5 月；c,d：9 月；e,f：11 月

在生长中期（即 9 月），蔗草盐沼的波浪衰减大于生长初期（图 5-7c），并且随着盐沼宽度的增加而增加。当水深大于 1.2m 时，蔗草盐沼在 25m 宽度范围内未观察到波衰减。从广义上看，芦苇盐沼的消波作用比蔗草盐沼高约 1.5 倍，而芦苇盐沼的波浪衰减在盐沼宽度方面略有差异（图 5-7d）。盐沼宽度对蔗草盐沼中 K 值的影响很小（图 5-8c）。芦苇盐沼 9 月 K 值明显高于 11 月，也显著高于蔗草盐沼（图 5-8d）。然而，芦苇盐沼的 K 值随着盐沼宽度增加而降低。蔗草盐沼在生长后期(11 月)的波浪衰减和 K 值低于夏季观测到的值(图 5-7e 和 图 5-8e)，尤其是在盐沼宽度为 25m 时。然而，芦苇盐沼的消浪效应和 K 值在秋季后期仍保持较高水平（图 5-7f 和图 5-8f）。

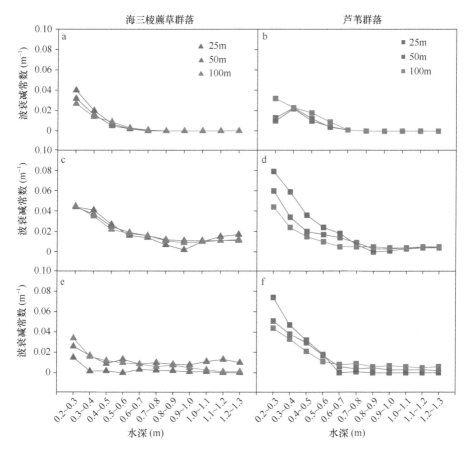

图 5-8 蔗草盐沼（左图）和芦苇盐沼（右图）衰减常数（*K* 值）的季节和空间变化
a,b：5 月；c,d：9 月；e,f：11 月

芦苇盐沼的波浪衰减在 50m 和 100m 的盐沼宽度处相似，而在 25m 的盐沼宽度处更大。尽管如此，芦苇盐沼的 *K* 值在生长后期随着盐沼宽度的增加而降低（图 5-8f）。

通过蔗草和芦苇盐沼的波浪衰减效应测量表明，植被不同程度地衰减了波高。Wu 等（2016）提出的物理解释：统一的植被结构占据了整个水柱，从而在靠近地表的地方衰减了更多的波浪能。我们发现地上生物量和植被高度是导致波衰减变化的关键因素（图 5-9）。芦苇具有更大的生物量和茎结构，与茎短而柔软的蔗草相比，芦苇在降低波浪能方面更有效。我们的观察表明，当植被没有被淹没时，会发生有效衰减。蔗草盐沼的波浪衰减随着淹没深度的增加而迅速减小，当盐沼完全淹没（超过 0.6m 水深）时，效果消失。Rupprecht 等（2017）报告称，植物高度、茎的柔韧性和水深在确定盐沼植被如何与波浪相互作用方面起着重要作用。在这项研究中，最高水位没有淹没芦苇，因此芦苇盐沼在完全淹没情况下的波浪衰减尚未确定。此外，较宽的植被盐沼可以降低波高（图 5-7）。与相同水深的 50m 和 25m 相比，两个植被区盐沼的波浪衰减率通常在 100m 的盐沼宽度处达到峰值。Ysebaert 等（2011）报告说，植被可以在相对较短的距离（<50m）内将波高降低 80%。沿海地区合适的盐沼宽度必须平衡保持良好的波浪衰减性能和以经济的方式开发自然堤防的需要。

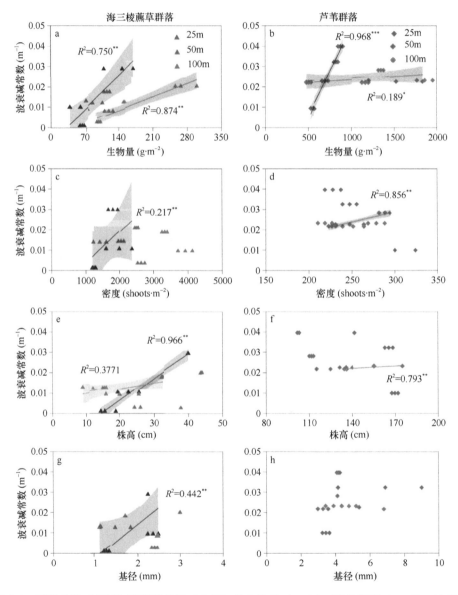

图 5-9　蔗草盐沼（左图）和芦苇盐沼（右图）的生物量（a、b）、草丛密度（c、d）、枝条高度（e、f）和茎直径（g、h）的季节性衰减常数与植被特性之间的关系

季节性是控制植物功能性状的关键环境因素，但其对波衰减的影响通常被忽视。我们的研究更重要的是揭示了植被生长的季节性变化对物种特异性波衰减的影响（图 5-7，图 5-8）。衰老（低植物生理活动）影响植株基部节间的细胞活性并导致藨草变质。如图 5-2 所示，大部分藨草从秋季开始衰老，在强大的水动力剪切力下，先锋盐沼中大量藨草茎秆断裂。由于茎分解的不同空间模式而发生的植被死亡对波衰减有很大不同的影响（Wamsley et al.，2010；Temmerman et al.，2012；Brisson et al.，2014；Day et al.，2017；Vuik et al.，2018）。藨草盐沼面向公海，秋末至次年春季死亡率和植丛破裂率高，将失去夏季观测到的波浪衰减效应。相比之下，芦苇可以保持坚硬和直立，大部分立枯体生物量可以保留到冬季结束，甚至持续到明年春天（图 5-2）。因此，芦苇盐沼在生长初期和后期的波浪衰减率和衰减常数与夏季观察到的相差不大。有关植被特性季节性变化影响的信息对于根据波浪条件、地理位置、盐沼特征和植被特征动态评估沿海盐沼的波浪衰减能力至关重要。

（4）植物特性与波衰减的相关性

为了辨识植被的季节性生长特征对其消浪能力的影响，我们分析了海三棱藨草和芦苇两种植物在不同季节的地上生物量、植株密度、植物株高和基径与消浪系数的关系。分析中使用有效 K 值，不包括 0 值。

在藨草和芦苇盐沼中，除了 100m 的盐沼宽度外，K 值与植物生物量季节性变化之间的线性相关性是显著的（$p<0.05$）（图 5-9a、b）。在 25m 内的藨草盐沼和 50m 内的芦苇盐沼中观察到 K 值和植丛密度之间的显著关系（$p < 0.05$）（图 5-9c、d）。在 25m 和 100m 范围内的藨草盐沼和 100m 范围内的芦苇盐沼中，K 值与植物高度之间存在显著的线性关系（$p < 0.05$）（图 5-9e、f）。只有当盐沼宽度为 25m 时，藨草和芦苇盐沼的 K 值与植物茎直径之间的相关性才显著（$p < 0.05$）（图 5-9g、h）。

我们的结果表明，波衰减常数的最高 K 值经常出现在盐沼的最前沿（25m，图 5-8），其次是宽度为 50m 和 100m 的值。此外，植被特性与 K 值之间的关系通常在盐沼前沿更强。这表明沿海盐沼中的非线性波衰减，先锋植被具有最高的缓冲效率。许多研究已经证明，由于高度动态的波长和频率，沿海植被中波衰减的非线性无处不在（Jadhav and Chen，2013；Phan et al.，2019）。非线性地形和植被分布生态位也可能是影响沿海盐沼波浪衰减能力的因素。植被盐沼的沉积速率远高于裸滩，在交汇处形成陡坡。因此，盐沼边缘的陡坡会增加波浪的反射、折射和破碎，从而加强波浪衰减（Tonelli et al.，2010）。

先锋芦苇盐沼的 K 值远高于藨草盐沼（2 倍以上）。藨草可以生存在低洼的光滩上，而芦苇通常在较高的滩地上生存，相对于我们研究地点的藨草盐沼，芦苇盐沼边缘的海拔高出约 0.5m（图 5-10）。根据 Li 和 Yang（2009）的测量，芦苇在捕获悬浮泥沙方面比蕙草更有效，因为沿海植被捕获的泥沙量与植物属性有关，例如地上生物量和高度。因此，芦苇盐沼边缘的陡峭高度和滩面高程远高于蕙草盐沼。尽管大部分波浪衰减归因于植被的存在，但波浪衰减效应对海拔梯度的变化很敏感（van Rooijen et al.，2016；Parvathy and Bhaskaran 2017；Leonardi et al.，2018）。Parvathy 和 Bhaskaran（2017）揭示，随着底部陡峭程度的增加，波高逐渐减小。因此，生物地貌学和植被-波相互作用对非线性波衰减的影响与盐沼滩面的地形和植被物种高度相关。

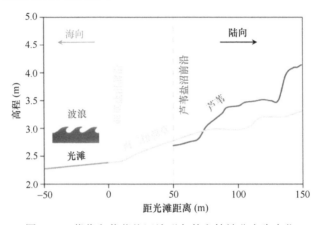

图 5-10 蕙草和芦苇盐沼地形条件和植被分布生态位

5.3 潮滩植被台风大浪影响下的能耗分析

5.3.1 数据采集与计算方法

对于绿色堤防而言，不仅需要考虑常浪状态下的波能耗散，更应关注和研究台风大浪期间，波浪是如何通过光滩、盐沼滩从而发生耗散的，由此可为绿色堤防提供相应的科学与技术支撑。因此，为观测台风来临期间盐沼滩涂的消浪状况，在崇明岛东滩东南部设置断面记录 2018 年"温比亚"台风登陆的水文变化过程。台风"温比亚"（No. 1818）是 2018 年太平洋海域生成的第 18 个有命名的热带风暴。"温比亚"于 2018 年 8 月 13 日在我国东海开始形成，8 月 15 日上午 8：00，中央气象台确定其为热带低压。17 日上午 4：05，"温比亚"于上海市浦东新区正面登陆，中心最大风力可达 9 级，6 点达到上海松江区域，并继续向西北方向以 30km/h 的速度移动，其中 8 月 13 日为农历大潮期间，8 月 17 日开始为小潮期间，"温比亚"从 8 月 16 日晚开始对上海区域产生明显影响，直至 19 日晚。

崇明岛东滩设置了三个断面观测点（A、B、C），中潮滩 C 点到盐沼前缘的距离为 30m，盐沼前缘 B 点距离盐沼内部点 30m，在三个观测点处均架设一个浪潮仪（RBR）和一个声学多普勒流速仪（ADV）。浪潮仪型号与常规观测所用一致。A 处浪潮仪离滩面高度为 16cm，B 处离滩面高度为 20cm，C 处离滩面高度为 17cm。三个浪潮仪参数设置均一致，采样间隔为 15min，其中仪器工作是 512s（约 8.5min），设置频率为 8Hz，共计一个 burst 采样 2048 个。主要获取参数为波高、波周期和水深等。中潮滩、盐沼前缘及盐沼内部流速仪均架设在离滩面 30cm 处，采样频率为 16Hz，一个 burst 时间为 15min，其中工作 600s，采样 9600 个数据，主要用于获取三维方向的流速矢量数据及压力数据。浪潮仪与流速仪监测时间从 2018 年 8 月 13 日至 2018 年 8 月 19 日，包含整个"温比亚"过境期间的数据（图 5-11）。

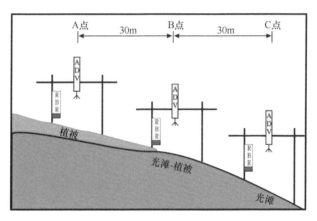

图 5-11　"温比亚"台风期间断面设置
ADV：声学多普勒流速仪；RBR：浪潮仪

　　具体计算方法是基于本章第二节的波浪消减效率以定量台风引起的大浪从光滩到盐沼变化过程。同时，本节也计算了阻力系数，以分析阻力系数与波浪消减效率的关系。阻力系数是表征流体因相对运动产生切应力的无量纲量，其大小反映流体所受阻力的大小。Mazda 等（1997，2006）在 Bretschneider 提出的浅水无植被区域波浪衰减底部摩擦公式基础上得出可应用于整个近岸水深区域的阻力系数，本文利用该公式估算研究区域内的阻力系数。在浅水区由底部摩擦引起的衰减：

$$\frac{H_2}{H_1} = \frac{1}{1 + \dfrac{\pi^5 K_s^{\,2}}{\sqrt{2}\,g^2 T^4} C_D H_1 \Delta x \left(\sinh \dfrac{2\pi h}{L}\right)^{-3}} \tag{5-4}$$

其中，H_1 和 H_2 分别是离岸观测点和靠岸观测点的波高，Δx 是两个观测点之间的距离。h 是两个观测点之间的平均水深，T 是波浪周期，L 是波长，g 是重力加速度，K_s 是浅水系数，C_D 是由底部剪切力产生的阻力系数，可定义为：

$$\tau = \frac{1}{2}C_D\rho u^2 \tag{5-5}$$

其中，ρ 是海水的密度，u 是波浪传播方向的水流流速。

对于浅水区域波浪的传播，公式（5-4）可近似为：

$$\frac{H_2}{H_1} = \frac{1}{1+\dfrac{C_D\pi H_1\Delta x}{32\sqrt{2}h^2}} \tag{5-6}$$

由上式可推导出阻力系数 C_D

$$C_D = \frac{32\sqrt{2}}{\pi}\cdot\frac{h^2}{H_1\Delta x}\left(\frac{H_1}{H_2}-1\right) \tag{5-7}$$

雷诺数（Reynolds number）又称雷诺准数，是可以用来表征流体流动情况的无量纲数。雷诺数定义形式如下（Hu et al.，2014）：

$$Re = \frac{Ub_v}{\upsilon} \tag{5-8}$$

其中，υ 为流体运动黏滞系数，一般取值 $10^{-6}\mathrm{m}^2/\mathrm{s}$，$U$ 为流体流速，b_v 为特征长度，在植被区域则取植被茎干直径。

5.3.2 波高时空分布特征

设置在崇明岛南部的断面观测时间从 13 日晚上持续至 19 日，台风"温比亚"从 16 日晚开始对上海地区产生影响，故断面三个站反映台风前、中及后的连续过程（图 5-12）。观测区域水深与波高出现明显差异（图 5-12）。13～16 日，崇明岛南侧海域正经历从大潮向小潮过渡阶段，受涨落潮影响，当地水深呈现周期性变化，并且水深从 13 日起逐渐减小，总体波动下降，同时潮位自海向陆逐渐减小，反映了滩地地形高程有所升高（图 5-12）。16 日晚，台风"温比亚"开始对崇明岛近岸海域产生影响，观测断面水位较前一天出现小幅度上升，这表征了台风来临通常导致水位增加。然而，由于观测区水域天文潮正自大潮向小潮转换阶段，故水深呈现波动状降低。

台风过境前期，随水深变化波浪波高呈现周期性波动，其中波高介于 0.5～1m（图 5-12a），同时波高自光滩 C 点传播到盐沼内部 A 点位置，波高逐渐降低到 0.4～0.7m（图 5-12b、c）。台风过境期间，近海海域风浪作用明显增强，波浪有效波高于 16 日晚至 17 日晚出现大幅度增高，近海侧观测点 C 波高接近 1.2m，明显高于前期同水位波浪有效波高，在滩地向陆的 A 点和 B 点波高虽然小于 C 点，但也高于台风前观测的波高，波浪波高接近 0.8m。尔后自 17 日到 19 日期间，三个站的波高都持续走低，但光滩波高在同一时刻要高于向陆的 B 点和 A 点。

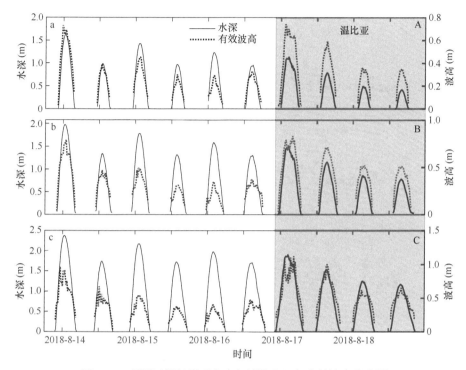

图 5-12　观测区期间崇明岛南部滩涂水深与有效波高分布图

　　同时，台风与非台风期间波浪和水深有直接的关联。在此将观测所得的有效波高与水深分为台风前和台风期间两部分进行统计相关分析（图 5-13，图 5-14）。首先，从原始数据可以看出：相比台风前的波浪与水深变化，波浪在台风期间会伴随水深变化而趋于明显增高（图 5-12）。其次，研究区域断面台风前和台风后的三个观测点波高与水深两者相关系数均大于 0.75，这说明有效波高的变化和水深的确具有极强的关系，即水深越大，有效波高则可能避免地形和底摩擦力的影响而明显增大；此外，与台风前比较，台风影响期间有效波高和水深的相关系数要高于前者，相关系数 R 接近 0.9 或超过 0.9，同时前者有效波高和水深展现明显的指数关系，而后者则出现线性关系。这意味着台风前随水深增加，波浪上升速率有略微加快趋势。台风期间受到持续强风影响产生的大浪随水深增加持续增高，呈直线上升趋势（图 5-13，图 5-14）。因而，从绿色堤防视角的需要出发，潮位在进行绿色生态堤防配制时也是需考虑的关键因素之一。

5.3.3　波浪衰减特征

（1）台风前波浪衰减特征

波高的变化直接体现在波高衰减上。进一步计算自海向陆三个站波浪衰减过

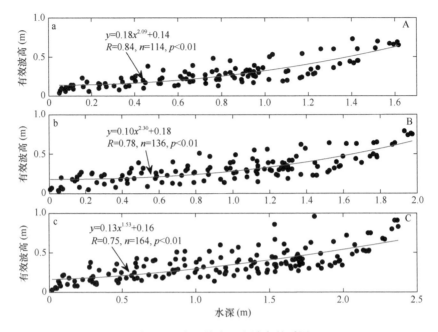

图 5-13　台风前水深和波高关系图

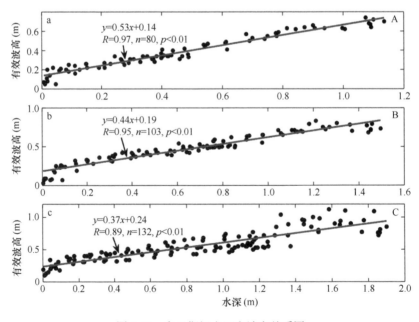

图 5-14　台风期间水深和波高关系图

程中单位宽度波高降低量（图 5-15）。显然，波浪自 C 点向岸传播过程中，虽然局部存在波高增强现象，但主要为波浪耗散，其中有效波高降低量最高可近 40cm。

波高降低量最大值出现在各区域的第一个半日潮期间，随后波浪的降低量开始逐渐减低，直至 16 日前一个潮周期。16 日第二个潮周期开始，由于台风逐步向陆临近，波高降低量开始增加，明显高于前一个潮周期的降低量。值得提及的是，波浪经过 C-B 光滩区域时波浪降低量大于 B-A 区域，这与波浪的入射高度存在一定关系，波浪在 C-B 的入射波高大于 B-A 区域。

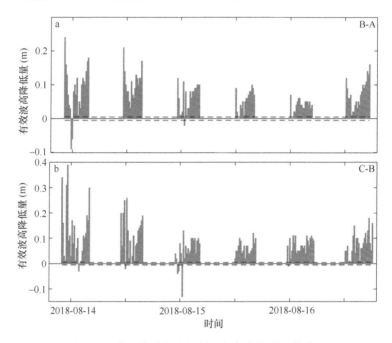

图 5-15 台风前波能降低量（红色虚线为误差线）

（2）台风期间波浪衰减特征

受"温比亚"台风持续影响，观测断面 C-B 光滩区域与 B-A 区域波浪均出现较强耗散（图 5-16）。此期间，波浪有效波高在各个潮周期内均有较高的衰减量，波高降低量最高达到 40cm。C-B 区域波浪有效波高降低量在前期较为明显，随后有效波高降低量略有减小的趋势。B-A 植被区域，波浪有效波高降低量有小幅度增加趋势，且波浪的降低量没有出现很大的波动，有效波高降低量大部分保持在 10cm 以上，波高最小降低值有增加趋势，最后一个潮周期波高降低量均在 15cm 以上。

（3）高能事件期间波高衰减百分比

波浪向岸传播过程中，无论是光滩还是植被潮滩均能起到衰减波浪的作用，自 C 点传播至 A 点有效波高平均降低量在台风前与台风期间分别为 37.2%、46.2%，台风期间盐沼潮滩对波浪的耗散作用更为显著（图 5-17）。同时，对比台风前与台风期间光滩与植被潮滩的波高平均降低百分比，台风期间耗散波浪的作用更强。而同时期，光滩与植被潮滩相对，植被潮滩耗散波高的作用更为显著，该差异在台风过境期间表现更为明显，台风期间植被潮滩平均波高降低率比光滩多 7.5 个百分点。

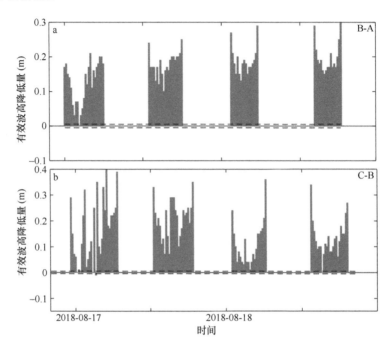

图 5-16　台风期间波能降低量（红色虚线为误差线）

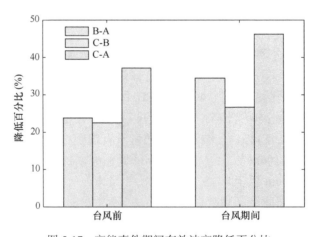

图 5-17　高能事件期间有效波高降低百分比

5.3.4 波浪衰减机制

（1）水深对波浪衰减的影响

台风过境前，近岸水深与波浪衰减率呈负相关关系（图 5-18），波浪衰减率随水深的增加而逐渐减小。C-B 光滩区域波能衰减率总体随水深的增加呈现指数下降，但同一水深下波浪衰减率波动范围较大，水深大于 1.7m 后，波浪衰减率波动相对较小，大部分稳定在 0.005m^{-1} 以下。B-A 植被覆盖区域对波浪的消减作用受到水深影响较为明显，水深增加导致区域波浪衰减率持续下降，没有明显波动，指数下降趋势明显，两者相关系数达 0.87。

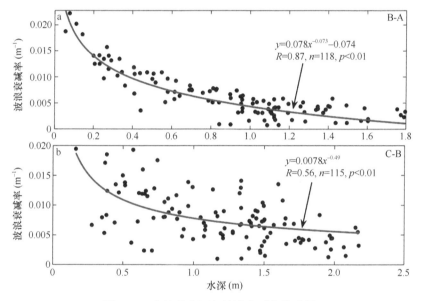

图 5-18 台风前水深与波浪衰减率关系图

台风影响期间，波浪衰减率与水深负相关关系保持不变（图 5-19），波浪衰减率随水深增加而逐渐减小。C-B 光滩区域波浪衰减率在水深大于 0.6m 后逐渐趋于平缓，波浪衰减率逐渐向均值 0.006m^{-1} 处逼近。B-A 植被覆盖区域波浪在整个水深范围内均受水深影响较强，两个相关系数 $R=0.93$，随水深的增加波浪衰减率持续指数下降。

高能事件影响下，近岸盐沼潮滩与波浪衰减率间存在明显负相关关系，水深的增加导致波浪衰减率减小。水深对波浪衰减率的影响在植被覆盖区域表现更为显著，光滩区域波浪衰减率在台风期间受到水深影响的效果更为明显。同时，台风期间随水深波能下降速率大于台风前。台风期间，波能衰减率从 0.02m^{-1} 降至 0 附近，水深变化约 1.3m；台风前，波能衰减率从 0.02m^{-1} 降至 0 附近，水深变化 1.8m，平均变化速率相对较慢。

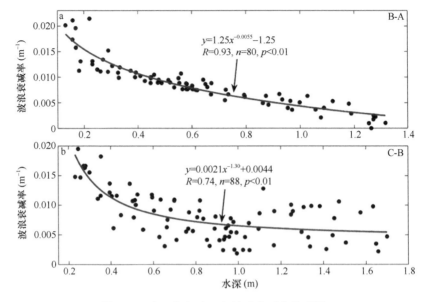

图 5-19　台风期间水深与波浪衰减率关系图

（2）入射波高对波浪衰减的影响

不同入射波高波浪进入观测断面后，入射波高与波浪衰减率间出现负相关关系。台风过境前，随入射波高增大，波浪衰减率有线性减小趋势（图 5-20）；台风过境时，入射波高增大导致波浪衰减率呈现指数减小（图 5-21）。两者相关系数 R

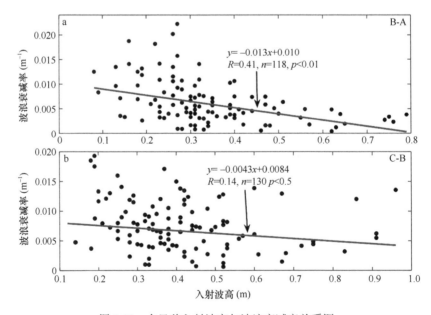

图 5-20　台风前入射波高与波浪衰减率关系图

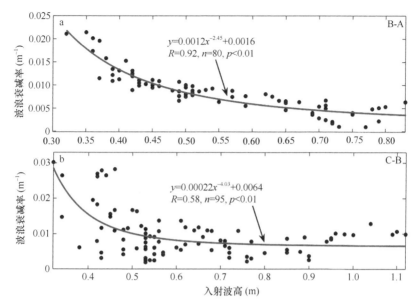

图 5-21 台风期间入射波高与波浪衰减率关系图

在台风前小于 0.5，相关性较弱，尤其在光滩区域两者并无明显相关；在台风期间两者相关系数 R 大于 0.5，在植被覆盖区相关系数 R 大于 0.9，相关性较强。

台风前，波浪经过光滩区域，随波浪入射波高增加略呈下降趋势，但波浪衰减率波动范围较大，无明显相关；向前传播经过植被覆盖区域，入射波高在小于 0.3m 时波浪衰减率浮动范围大，随后波浪衰减率趋于稳定，逐步减小。台风期间，光滩区域在小波浪范围内波浪衰减率变化速率较快，波高在 0.4m 后，波浪衰减变化率逐渐减小，尤其在波高大于 0.5m 后，衰减率变化趋于平缓。植被覆盖区域在台风作用期间衰减率逐步下降，随入射波高增加，波浪衰减率随之呈现指数下降。

观测到的断面波浪衰减率与入射波高间相关关系与多数前人研究成果有所差异（Kobayashi et al.，1993；Yang et al.，2018）。这可能需考虑波高、水深对波浪衰减率的影响。

（3）相对波高对波浪衰减的影响

相对波高为波浪波高与水深间的比值，取值范围一般在 0～1 之间，当波浪发生破碎时，该值可能超过 1。相对波高值越大，表明波浪波高占总水深比率较高。据图 5-22 和图 5-23 可知，相对波高与波浪衰减率呈正相关关系，尤其在台风期间，两者系数 R 在 0.8 以上（$p<0.01$），两者具有较强的相关性。随相对波高增加，波浪衰减率增加，说明在同等波高条件下，随水深减小，波浪衰减率呈现下降趋势；同等水深条件下，入射波高增加则会导致波浪消减率增加。

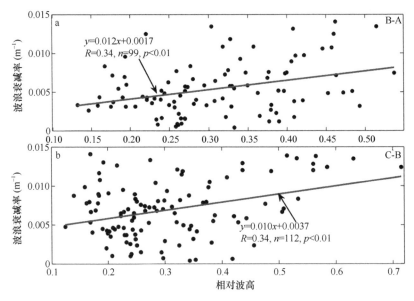

图 5-22　台风前相对波高与波浪衰减率关系图

　　同时，台风前的断面区域内相对波高为 0.1～0.75，光滩区域相对波高总体高于植被区域。然而光滩区域相对波高大部分在 0～0.4 范围内，相对波高增加 0.1，对应波能衰减率增加 0.01m^{-1}。植被覆盖区域，随着相对波高增加，波浪衰减率浮动范围增大，总体呈上升趋势，相对波高增加 0.1，波能衰减率增加 0.012m^{-1}，单位长度波能衰减降低量大于光滩区域。

　　台风期间的断面区域内相对波高为 0.4～1，受台风影响，同等水深的波浪高度明显增高。波浪从 C 点经光滩传播至 B 点，随相对波高增加 0.1，波浪衰减率增加 0.027m^{-1}。继续向前传播，经植被区域达到 A 点，相对波高降低，相对波高每增加 0.1，波浪衰减率增加 0.029m^{-1}，变化率高于光滩区域（图 5-23）。台风期间，光滩区域与植被区域波浪衰减率的变化率均高于台风前，光滩区域波浪衰减变化率为台风前 2.7 倍，植被区域为台风前 2.4 倍。

　　（4）阻力系数对波浪衰减的影响

　　波浪在传播过程中，阻力对波浪传播一直存在影响，盐沼潮滩大部分区域水深相对较浅，属浅水区域，波浪进入发生触底开始，波浪形态改变，发生浅水变形，能量开始大量损耗。由于滩面底部对波浪产生的摩阻力引起能量耗散即摩阻损失，在浅水区摩阻力对波浪衰减的效果是较为显著的，须加以考虑。同时，Morison 方程指出在水流经过植被地区时，波浪的能量消耗主要由于植被产生的阻力所致。在不同的水动力环境和特征长度下（植被直径），水流受到的阻力大小能决定波浪能量的衰减程度（Garzon et al.，2018）。由公式 5-7 可以计算得到观测断面水域的阻力系数 C_D，对区域内波浪衰减率及阻力系数 C_D 进行趋势分析（图 5-24），两者呈现明显正相关关系，阻力系数对波浪衰减的作用显著，区域内阻力系数的增加导致区域内波浪衰减率增加，区域对波浪的衰减作用增强。

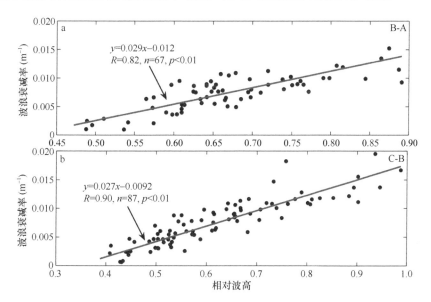

图 5-23 台风期间相对波高与波浪衰减率关系图

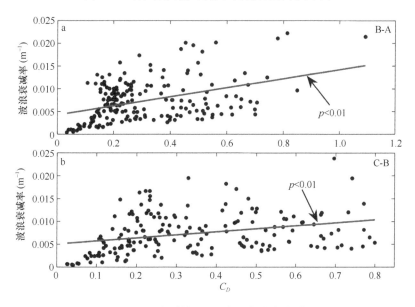

图 5-24 阻力系数 C_D 与波浪衰减率关系图

先前已有不少研究表明阻力系数与雷诺数 Re 密切相关（Infantes et al.，2011；Losada et al.，2016）。水流经过植被区，水体紊动交换作用增强，湍流作用与雷诺应力增强（吴福生，2007），且植物会引起附加阻力（唐洪武等，2007）。由公式 5-8 计算得到植被区雷诺数 Re，图 5-25 表明了雷诺数 Re 与阻力系数 C_D 之间的关系。雷诺数与阻力系数之间存在负相关关系，两者的拟合得到的经验函数如下：

$$C_D = 3.14 \times Re^{-0.049} - 2.01(0 < Re < 3000) \tag{5-9}$$

在植被区域，雷诺数大多小于 1000，低雷诺数条件下，植被区域阻力系数数据相对分散，阻力系数均值为 0.35。当雷诺数大于 1000 时，绝大部分阻力系数小于 0.3，其均值为 0.17。在低雷诺数情况下，植被对水流的阻力作用更为明显。

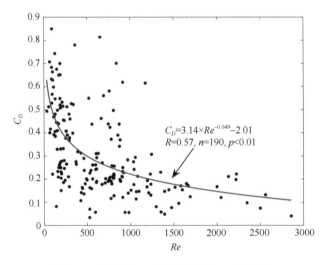

图 5-25　雷诺数 Re 与阻力系数 C_D 关系图

这里，选择长江口崇明岛南部潮滩分析常浪和台风大浪影响下的滩涂植被消浪状态。我们发现在常浪条件下，滨海盐沼植被具有减弱海浪和减轻海岸线侵蚀的功能，在海岸保护中发挥着重要作用。然而，不同盐沼植被在季节和空间尺度上的生物性质存在很大差异，导致盐沼植被对波浪衰减的有效性仍不确定。基于长江口滨海典型盐沼植物海三棱藨草（植株较矮、茎秆柔性高）和芦苇（植株高大、茎秆刚性高）的植被季节特性和波浪衰减能力的时空变化研究，结果表明，植物地上生物量和植株高度是决定衰减波能能力的关键生物特性，其中植被带最前沿具有最高的波能耗散效率。芦苇具有更高的生物量和冠层结构，在消减波能方面比海三棱藨草更有效。但大部分前沿海三棱藨草植株从秋季开始衰老解体，失去了消浪能力。虽然芦苇不能存活于海三棱藨草所在的低潮滩前沿，但秋季后枯萎的芦苇仍能长期保持枯立状态及较高的生物量，其波能衰减效率与生长高峰期（夏季）观测值相当。此外，芦苇具有较好的捕获沉积物和抬高潮滩高程的能力，这也进一步提高了波能衰减效率。研究结果有助于评价海岸带盐沼在消减波高和缓解波能的动态有效性。

　　同时，波浪在近岸传播过程中受到水深影响，波高随水深增加而增高。盐沼滩涂在整个高能事件期间对波浪的消减具有较为显著的耗散作用，台风期间盐沼潮滩对波浪的耗散作用强于台风作用前。同时植被覆盖区域波浪波高降低百分比高于光滩区域。此外，水深、入射波波高、阻力系数对波浪的衰减存在显著作用，波浪衰减率随水深减小、入射波波高增加及阻力系数增加而减小。当波高与水深同时增加时，波浪衰减强度会受到两者的共同影响，因此波浪增加亦可能发生波浪衰减作用减弱的情况。简而言之，有盐沼存在的潮滩对波浪的消减具有重要作用，但又受盐沼植被的季相、植被密度、台风过境瞬时潮位及入射波高等各种因素影响。

5.4　滩涂防浪风险评估

5.4.1　滩涂防浪格局

　　环崇明岛滩涂植被的构成为先锋莎草科植物（如藨草、海三棱藨草等）和禾本科植物（如芦苇、互花米草等），二者均为柔性植物。前述章节已表明环崇明岛滩涂植物消浪效果随植被带宽度增加而增大，且植被消浪能力与水深相关，植被未淹没时消浪效果明显。湿地植物的季节性生长差异对消浪特性具有明显变化。因此，在进行绿色生态堤防配制时，需要考虑水深变化和植被宽窄的影响。此外，潮滩宽度、海堤高度、入射波高及未来海平面影响也是建设崇明岛绿色生态堤防的关键所在。考虑到复合因子的共同作用难以定量和定性海堤前沿滩涂盐沼如何消浪，或者其消浪的格局。故本节先考虑水深和植被的季节性生长特性两个因素，由此对环崇明岛现存湿地植被是否可以作为"绿色生态堤防"进行安全风险评估。

　　常浪和台风大浪条件影响的崇明岛外海波浪自海向岛陆域传播时，波高与水深呈显著正相关关系，消浪系数可作为波高与植被宽度之间的函数。基于此，将实测断面分别在 9 月和 11 月获得的崇明岛滨海典型藨草和芦苇带前沿光滩有效波高与水深进行拟合（图 5-26）。同时对两个样带入射波高 $H_0 = 0.1m$、$0.2m$、$0.3m$、$0.5m$ 对应的水深估算平均值。将藨草与芦苇消浪系数 K 与光滩水深 D 进行拟合，根据拟合曲线计算达到上述水深处各点的 K 值，根据 K 值求出不同植被宽度下的消浪率（图 5-27）。结果显示，芦苇消浪能力高于藨草。其中植被消浪效果随着其

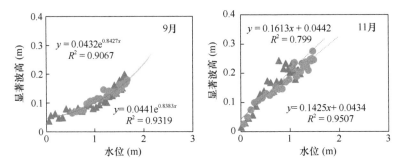

图 5-26　波高与水深关系拟合曲线
（●-芦苇，▲-海三棱藨草）

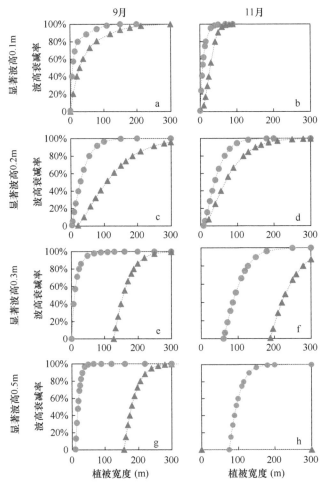

图 5-27　不同波高条件下消浪率与植被宽度关系模拟曲线
（●-芦苇，▲-海三棱藨草）

宽度增加而增大。当滩涂植被开始发挥消浪效果时，50m 范围内的植被消浪效果迅速增加，芦苇可达到 60 %以上，海三棱藨草可达到 20%～40%。当植被宽度继续增加，植被消浪速率减缓，即消浪系数下降。当宽度增加到一定值后，消浪系数几乎不再变化。

具体而言，通常 9 月是台风频繁期而盐沼植被仍处于茂盛发育期，当入射波浪波高每增加 0.1m，保持 40%消波效率所需的藨草植被宽度呈对数级增加（R^2>0.97）。芦苇消浪能力持续，平均 20m 宽度可将 0.5m 内波高降低约 50%，该值与 Riffe 等（2011）利用天然海滨湿地评估植物消浪模型研究结果相近（在盐沼边缘 19m 范围内植被消浪效果显著），结果表明潮滩植被带的前沿对波衰减贡献更多（Willemsen et al.，2020）。同期在 11 月风暴潮开始之季，藨草对小于 0.2m 波浪仍然有较好的消减效果；当波浪达到 0.3m 后，光滩水深超过 2.3m，藨草的消浪作用微弱。芦苇对 H_0>0.3m 波浪消减 50%需要 90～100m 宽。总体上芦苇 60～120m 宽度可在正常天气下消波 80%以上，130m 芦苇可将水深为 2.9～3.0m 的 0.5m 波高消减 90%以上。因此，较高大的禾本科植物的宽度在 20～90m 较合适，滩涂前沿先锋莎草科植物宽度在 150～200m 较合适。

5.4.2　环岛滩涂生态防御风险极值

根据水深-波高-消浪系数三者的关系、环崇明岛现有潮滩湿地植被群落结构在 9 月生物量最高且植被消浪效果最佳，故以其为基础对崇明岛岸段植被最大防护能力进行评估。在此将植被消浪率达到 80%以上的滩涂作为低风险岸段，消浪率 40%～80%的作为中风险岸段，消浪率在 40%以下的作为高风险岸段。当波浪高度设为 0.1m 时，环崇明岛海岸带植被消浪风险等级分类如表 5-1 所示。禾本科植物所需宽度仅约为先锋莎草科植物的 1/4。环崇明岛七成的岸段为低风险，长度约 159.25km；中风险岸段为 11.18km，集中于北支上段；高风险岸段为 55.95km，呈现零星状密布（图 5-28）。

表 5-1　0.1m 波高条件下环崇明岛湿地不同植被风险等级划分

风险性等级	低风险（>80%）	中风险（40%～80%）	高风险（<40%）
禾本科植物	>24m	5.6～24m	<5.6m
先锋莎草科植物	>80m	21～80m	<21m

当波高增加至 0.25m 时（表 5-2），低风险岸段为 142.32km，中风险岸段增加至 24.27km，高风险岸段增加至 59.78km。中高风险岸段增加区域主要集中在崇明岛东北部和南侧岸段（图 5-29）。

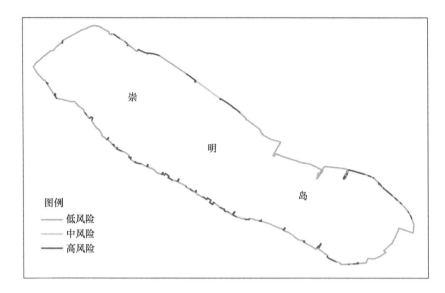

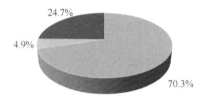

图 5-28　0.1m 波高条件下崇明岛湿地植被风险等级分布及占比

表 5-2　0.25m 波高条件下环崇明岛湿地不同植被风险等级划分

风险性等级	低风险（>80%）	中风险（40%～80%）	高风险（<40%）
禾本科植物	>57m	22.8～57m	<22.8m
先锋莎草科植物	>185.7m	90～185.7m	<90m

当波高设为 0.5m 条件下，崇明岛岸段植被防护风险等级分类如表 5-3 所示。低风险岸段为 131.93km，中风险岸段增加至 17.97km，高风险岸段增加至 76.48km。中高风险增加的区域主要为崇明岛北岸、中西部岸段和东部大堤岸段（图 5-30）。

简而言之，中高风险区域主要集中在南北两侧，北部分布较连续，南部分散。风险等级与土地利用类型、堤外植被带宽度、水系分布相关，大部分的河道口、水闸、港口岸段及部分无植被生长大堤，均为高风险地区。

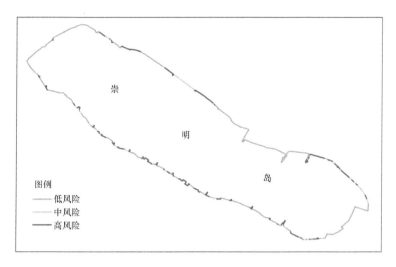

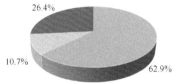

图 5-29 0.25m 波高条件下崇明岛湿地植被风险等级分布及占比

表 5-3 0.5m 波高条件下环崇明岛湿地不同植被风险等级

风险性等级	低风险（消浪率>80%）	中风险（40%~80%）	高风险（<40%）
禾本科植物	>81.6m	48.6~81.6m	<48.6m
先锋莎草科植物	>205.8m	173.5~205.8m	<173.5m

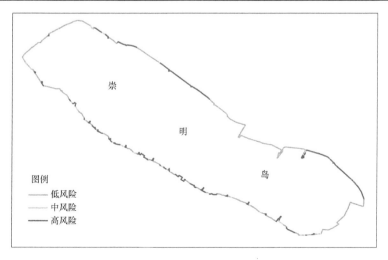

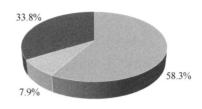

图 5-30　0.5m 波高条件下崇明岛湿地植被风险等级分布及占比

第六章 海岸绿色生态堤防新构想

根据本书对海岸绿色生态堤防的定义，海岸绿色生态堤防以生态防御为主，但并不只有生态，还包括构建堤防的环保材料，共同形成具有堤前滨海湿地生态防御带、绿色海堤防御带及堤后陆域湿地生态缓冲带三部分基本功能的绿色生态堤防。因此，无论是美国、荷兰还是其他西方国家，其构建的基于自然防护的绿色堤防应都具有上述基本功能。基于此，本章以崇明岛作为实践，进一步提出可能的绿色生态堤防构想，以给我国及世界其他区域沿海城市的绿色生态堤防提供参考案例。

6.1 滩涂面临的困境

全球沿海滩涂均处于侵蚀后退的状态。最为重要的是，这些发育于大河河口三角洲的滩涂面临的困境和崇明岛环岛滩涂的侵蚀及变化具有较大程度的一致性。简而言之，长江是世界级大河，巨量的入海泥沙在河口沉降而哺育广袤潮滩湿地。崇明岛即由此而来。崇明岛位居河口尾闾，既给上海提供重要生存与拓展的空间、物质与生态资源，同时也是长三角经济与社会发展的重要生态屏障。然而，长江河口与世界其他河口类似，目前都面临入海泥沙急剧减少的现象：长江年平均入海泥沙在 20 世纪 50 年代将近 5 亿吨，20 世纪 90 年代不到 3.5 亿吨，自 2003 年三峡大坝构建以来年平均入海泥沙急剧下降到 1 亿吨左右，相当于入海泥沙减少了近 80%。同时，大规模潮滩围垦、采砂及航道疏浚等高强度人类活动在长江口成为常态行为，如将每年以 5～8mm 速度上升的海平面作用影响包括在内，目前环崇明岛滩涂湿地主要面临四个新的挑战和风险：①河口潮滩由快速向海淤进到缓慢沉积、局部滩涂甚至出现侵蚀迹象，即河口潮滩处于冲淤转型新时期，如崇明东滩和崇明南部潮滩；②河口高潮滩几乎全被圈围、部分中低潮滩被促淤成陆，即河口潮滩湿地地貌系统已处于发育不完整的新状态，环崇明岛滩涂高潮滩仅存的零散芦苇明显反映了潮间带的高位潮滩消失殆尽；③河口潮滩植被结构发生破坏，外来种互花米草侵袭占用本地海三棱藨草栖息地，即河口潮滩植被处于被明显改变的新格局，如崇明东滩及崇明北部潮滩；④河口潮滩淤涨空间有限，环崇明岛滩涂分布于南部、北部和东部，南部滩涂被新桥水道束缚，难以向河槽延展，影响构成这条崇明生命水道系统运行的空间，根据长江口发育模式和作者

的预测，南部潮滩未来将可能全线侵蚀后退；其北部潮滩长期淤涨，但最终亦受到
北支涨落潮流形成的河槽限制；东部潮滩进一步向海淤涨则将逼近深水，作者的预
测表明其高潮滩亦将处于蚀退状态。这四个新的挑战在美洲、欧洲及东南亚的各大
河口三角洲普遍存在，故对崇明岛海堤绿色生态堤防的构想将可能适应或部分适合
其他地区，尤其适合发展中国家沿海城市进行台风风暴潮的防御。

6.2　海岸绿色生态堤防配准

　　海岸绿色生态堤防是西方发达国家为应对全球变暖引起的海平面上升与风暴
潮侵袭、维持生态系统健康而提出的海岸防护措施，但当前对海岸绿色生态堤防
如何配准的理解各有差异。假定将环崇明岛绿色生态堤防的配准放入当前不同国
家采取的绿色生态堤防情景，环崇明岛绿色生态堤防配准则可能面临三个新的选
择：一是类似美国遵循"自然防护"的理念，提出"活岸线"的工程方案应对海
平面上升和风暴潮带来的影响。此举需要拆除环崇明岛所有或几乎全部现有海堤，
随之建造人工鱼礁或贝类生态堤及植被绿堤。二是选择荷兰主旨的"与自然共建"
理念，提出与珠江三角洲"桑基鱼塘"类似的"圩田模式"，以达到既有利于生态
系统平衡又能有效防洪的目的。此举需要崇明岛将现有海堤形成活动双闸，并在
目前海堤内或外较宽范围再次布设海堤而形成双堤共存模式，但堤前仍将进行植
被配准。三是根据德国"近自然防护"的案例操作，即通过法律保护现有盐沼和
采用移动海堤、分离式防浪墙及木质丁坝防御洪灾。此举需要崇明岛将环岛盐沼
都列为保护范围，同时改进现有海堤，并在滩涂低潮滩设置木质桩。

　　纵观三个选择，似乎都不适合崇明岛。其缘由主要为：纯粹的绿色生态护岸
适应于有广阔盐沼或木本植物分布的海岸带；基于双堤的绿色堤防既需要相对宽
度的盐沼带，如 1000m 宽的潮滩，同样还需堤前宽广分布的盐沼；移动的海堤和
分离式的防浪墙则具有针对性，适用于偶发性且台风频繁登陆的位置。崇明岛目
前已是四面环堤，堤内是农耕作物、港工或城镇所在区；堤外除东部潮滩具有上
达 1000m 的潮滩，南部滩涂不仅窄而且处于退缩状态。显然，崇明岛滩涂淤涨空
间有限且未来极可能出现侵蚀状态；同时滩涂横向宽度很难达到西方动辄上十公
里之幅的程度，拆除海堤势必不可能；改建海堤形成双闸或移动闸，但闸内需再
构建滩涂和海堤，崇明岛本身就高潮滩消失殆尽，在已有城镇及工农业用地再造
滩地亦无可能。

6.3　环崇明岛绿色生态堤防构想

　　崇明岛环岛滩涂是上海最为重要的湿地资源与生态屏障。环岛滩涂面积约

$1300km^2$，相当于一个崇明岛，对于创建崇明世界级生态岛具有重要作用与意义。近半个世纪以来，环岛滩涂面积受到长江丰沛泥沙的供给而处于持续增长状态，给崇明岛提供不断发展和扩大的宝贵空间资源。然而自 2003 年长江三峡大坝运行以来，长江入海泥沙由过去的 4.2 亿吨锐减到目前的不足 1 亿吨，急剧减少的泥沙已不能满足环岛滩涂面积增长。环岛滩涂淤积速度明显减缓，南部滩涂局部已经出现侵蚀迹象，基于机器学习的神经网络模型预测发现未来到 2100 年，南部岸线极可能退缩到目前堤内，东滩和北部潮滩退缩相对较缓，但南部是崇明经济与社会发展的轴心与重心所在，尽管南部海堤已经重新加高并可抵御 100 年及 200 年一遇的台风，但台风具有随机性，且随着海堤加高，成本将呈几何级数增加，何况基于水文计算的台风一遇概率还忽略了波浪越堤或堤脚掏蚀现象。人为加高海堤最终导致崇明岛可能形成一个四面高耸冰冷石堤的"孤岛"，一旦出现复合潮形成的内涝，则"孤岛"将成"汪洋一片"。特别是，目前在建或已建的生态景观大堤自绿华镇到庙港岸段已出现侵蚀迹象，新桥河道下段北岸也有局部岸段侵蚀。而且生态景观大堤的构建已论证了其堤面加宽将牺牲部分滩涂为代价，同时已建的生态大堤堤前滩涂零星分布，堤内罕见湿地，绿色生态堤防似浅尝辄止。有鉴于此，并考虑到目前提倡的"共抓大保护、不搞大开发"理念，以及数字崇明"十四五"发展专项规划、上海市"十四五"规划的要点，应兼顾崇明岛未来百年的可持续发展，崇明环岛绿色生态堤防的构建意义极其深远，需从长远考虑、循序推进堤防配准的建设。

就崇明岛绿色生态堤防配准而言，其一是稳住新桥水道河势，构建新桥景观河道，新桥水道沿线海堤向陆布设绿色植被。新桥水道是崇明的生命水道，水道变迁直接影响南部潮滩横向进退。就长远而言，环崇明岛潮滩除北部外，都将处于侵蚀退缩状态，而且南部潮滩宽度极为狭窄。同时南部潮滩的进退和新桥水道变迁相关，故稳住新桥水道，就保住了南部潮滩。基于上述考虑，应根据新桥河道上段涨潮、下段落潮和中间段涨落潮及河槽动力的地貌特征将长达 40km 的新桥水道北部（崇明南岸）形成景观河道，其中北部自槽向崇明南岸海堤形成槽—裸滩—盐沼—堤依序分布的绿色景观地貌，而海堤向陆内侧人工形成 100～200m 宽的缓坡下沉地形，堤内坡向陆形成草皮、柳树、桑树、刺槐与芦竹等挡风护堤植被；如此的布设就符合绿色生态堤防定义的三个基本组成部分，从而可发挥其消浪缓流挡风的功能，也在一定程度上恢复原始河道沿岸生态系统，最终形成基于自然的生态防御（图 6-1）。

其二是崇头到青龙港岸段构建双堤和木桩结合的绿色堤防配准（图 6-2）。即在目前海堤前沿约-2m 水深处布设木桩以固定河势和稳定潮滩，自-2m 到目前海堤形成海三棱藨草、芦苇相继的本地植被，随后在堤后 1～2km 再次布设人工牡蛎或贝壳垄堤环保海堤，两道双堤都有活动双闸，其中两个闸间开挖的大型潮沟

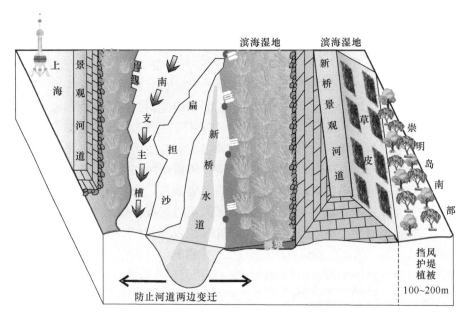

图 6-1 崇明岛南部海岸绿色生态堤防配准

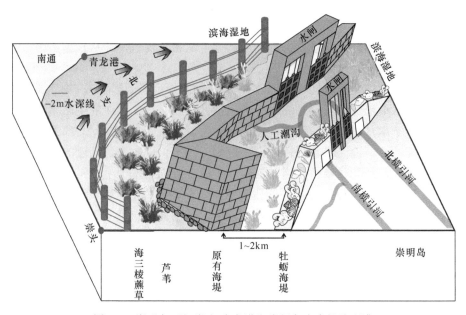

图 6-2 崇明岛西部崇头-青龙港海岸绿色生态堤防配准

分别和南北横引河联通，堤间盐沼潮滩再次人工开挖形成和大型潮沟联通的长短不一的潮沟，便于涨落潮自由通行和泛滥，向陆新建堤内坡仍可建造草皮、柳树、桑树、刺槐与芦竹等挡风护堤植被。该配准基本综合荷兰和德国的理念和实际措施，主要考虑该岸段经常遭受来自北支涨潮天文大潮及长江洪水形成的复合潮洪灾。洪灾引起的大股水流及超高水位可通过堤前盐沼、堤间滩地、南北横引河及堤内坡湿地的多级引流、降低水位和消浪而将复合潮灾害消除，堤间宽广盐沼湿地亦可形成"圩田模式"而产生丰厚经济与生态效益。

其三是青龙港到东旺沙港沿线的海岸绿色生态堤防配准建议（图6-3）：以现有海堤为基础，在堤前依次布设芦苇-海三棱藨草及裸滩宽100～200m的盐沼湿地，堤后依次种植柳树、桑树、芦竹及草本植物，湿地宽幅100～200m最佳。同时逐步改造现有海堤，包括在堤前堤后坡人工构建可供底栖动物穴居的小洞，在海堤不等距离形成开口10～20cm的间隙，以供生物物种及内外物质、能量与信息流的流通，维持堤内外生态系统的平衡。

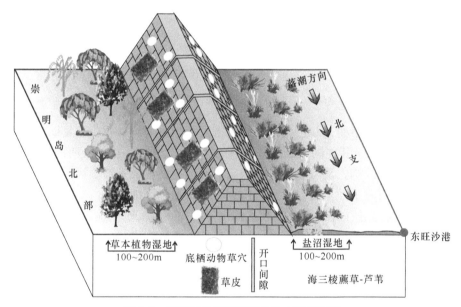

图6-3　崇明岛北部海岸绿色生态堤防配准

其四是崇明东滩，通常为东旺沙港到八滧港岸段，该段是直面台风风暴潮和承受高能事件影响的地带，该段海岸绿色生态堤防配准建议（图6-4）：在现有海堤之外2000～2500m重新构建环保绿色的新型海堤，堤内维持目前湿地现状，堤外坡形成地势较高的高、中及低潮滩等完整的地貌结构，并依次布设芦苇、海三棱藨草，随后在该堤外2000～2500m及4500～5000m构建装配式生态格网汀步栈道，沿两个栈道平行构建2～3m及1～2m高的牡蛎或贝壳堤，堤身设置动物洞穴且每隔100m左右贝壳（牡蛎礁）堤保留10～20cm的间隙窗口供底栖动物或植被种子、水体涨落潮交换，堤外到双贝壳堤人工开挖与涨落潮流向一致的潮沟，创造天然潮间带地貌与盐沼环境。

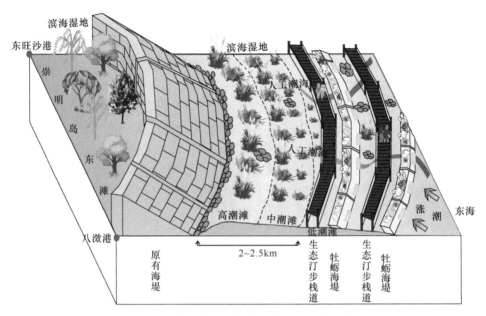

图 6-4 崇明岛东滩海岸绿色生态堤防配准

简而言之，环崇明岛绿色生态堤防配准理应根据海岸绿色生态堤防的概念和基本功能，不拘泥于其他国家或地方采用的绿色堤防配准，依据崇明岛滩涂特色、潮间带动力地貌结构、潮滩空间冲淤极限、湿地植被特征及消浪风险评估、局部波流动力条件及海平面上升趋势，未雨绸缪，秉着"因地制宜，陆海统筹"的核心原则，以海岸绿色生态堤防基本功能为准则，以保障海岛人-地生态安全为首位，提出科学的、在实施过程中可调整的环崇明岛绿色生态堤防安全配准，以适应局部和整体环境与社会的发展。

第七章　海岸绿色生态堤防策略与前景

7.1　海岸绿色生态堤防的现实问题

当传统海岸堤防仍在发挥其应有屏障价值时，日益频繁的风暴潮和逐渐上升的海平面迫使传统堤防在坝顶、坝宽及坝身等进行加高、加宽和加固，这就增加了改造成本。这种改造成本有可能呈几何级数增加，从而出现经济损失和海岸堤防改造成本的博弈。反之，通过对堤前滩地及堤内低地进行植被的改造、修复及坝的生态材料改造不仅达到传统海岸堤防的效果，还增加了生态及社会效益。因此，全球沿海各国都开展了海岸绿色堤防的探索，无疑地，这是传统海岸堤防的进步，将生态系统作为海岸防护体系的有机组成是传统海岸堤防的重要创新（Waterman，2008；Jones et al.，2012），这种理念、技术和措施目前正在世界沿海展开和推广。然而，从哲学角度说，任何事物都存在矛盾，新事物的产生其实是矛盾转化体。从根本上说，新事物的发展要经历一个由小到大、由不完善到比较完善的过程。海岸绿色生态堤防正是因传统堤防存在难以解决的现实问题而出现，但当前对其的理解、计划及措施等仍停留在尝试阶段，如想完全取代传统堤防或替换传统堤防的坝身和坝材料，显然还需要慎重考虑。

7.1.1　绿色生态堤防功能的不确定性

传统海岸堤防的唯一目的是防洪消浪。然而，新的堤防——绿色生态堤防具有更多的目的，最为重要的是，海岸绿色生态堤防在强调防洪消浪的同时，也需要维持固有生态系统基本不变。后者在堤防设计时被突出和强化，这有可能导致新的海岸绿色生态堤防防洪效应不尽如人意。Marijnissen 等（2021）对荷兰Eemshaven-Delfzijl 双堤的评估结果发现，中等漫溢限制下双堤可以达到预设安全标准，防护水平与单堤相当。位于第一堤坝的涵洞尺寸减小可大幅降低极端风暴期间堤间区域的水位，但高强度的风暴事件（尽管很少见）下，仍然严重漫堤并造成第一堤坝因波浪冲击而侵蚀。有必要指出的是，堤间开发的圩田和河流洪泛区并不类似，在沿海地区作为蓄洪区意义不大，改善防洪能力的作用可忽略不计，但在处于较远的河口和河流沿岸保护效益会更高（Huguet et al.，2018；Hofstede，2019）。

同时，在堤前与堤后潮滩湿地种植植物是海岸绿色生态堤防常见手段。然而，滨海湿地的发育和潮滩植被的定植都受到局部潮汐水文条件的限制，如持续淹水、周期性潮流和波浪运动（Houwing，2000；Hammond et al.，2002；Bearman et al.，2010）。在潮间带低潮滩区往往经受较强的潮汐与波浪动力影响，较高的波能强度和较长的潮汐淹水时间极不利于植被存活（Balke et al.，2011；Bouma et al.，2009；Davy et al.，2011；Silliman et al.，2015），从而影响植被的扩张（Fagherazzi and Sun，2004）。中潮滩或高潮滩则往往缺失，堤坝通常构建于高潮滩或中潮滩区，如上海的大部分区域潮滩地貌结构明显不完整，这就影响了植被群落的发育和演替。从绿色生态防御的视角来看，植被防护是海岸绿色生态堤防的关键一环，少了植被的防护，则不能称为绿色堤防。简而言之，先锋湿地植物群落的建立至关重要（Friess et al.，2012；Balke et al.，2014）。全球许多沿海岸段缺乏植被。实际上，植物繁殖体源缺失及受到潮水冲刷和泥沙作用的影响，是潮滩植被群落建立的主要限制因素（Wolters et al.，2008；Friess et al.，2012）。在强烈的水动力干扰下，植物幼苗只能利用短暂的无干扰周期（称为"机会窗口"windows of opportunity）进行定居并获得稳定性（Balke et al.，2011；Hu et al.，2015）。随着潮滩高程的不断增加，潮汐扰动减弱，植物才具有较高的定植概率（Davy et al.，2011；Ge et al.，2016）。有利的泥沙沉积条件有助于植株繁殖体在潮滩上固着存活，以及进一步的群落建立（Balke et al.，2012；Bouma et al.，2014）。潮滩高程增加与植被定植面积呈正相关关系，在潮滩植被定植和泥沙沉积之间通常存在一种正反馈关系，有利于初始幼苗的存活和锚定（Balke et al.，2014；Schwarz et al.，2015）。但过多的泥沙沉积物则会产生掩埋胁迫，增加先锋种幼苗死亡率（Thampanya et al.，2002）。因此，构建于中高潮滩的堤坝破坏潮间带地貌的完整性，进而影响局部水文泥沙的变化，破坏植被的定植机会窗口，影响堤前植被的生长与发育。反过来，植被无法定植意味着堤前潮滩植被群落结构的残缺或缺失，这就难以达到植被促淤、植被消浪和防护的基本初衷。海岸绿色生态堤防最终难以着床，传统堤防的效果没有达到，生态防护兼顾生态效益的想法亦将落空。作者对海岸绿色生态堤防的定义明确指出，堤防是首要，其次是维持生态系统不变，再者是材料必须是绿色环保与植被配置形成的新型复合环保结构体。因而，海岸绿色生态堤防的工作任重而道远，必须明确其功能主次之分。

7.1.2 绿色生态堤防的时空需求及有效性

传统海岸堤防一旦构建完成就能达到防护挡浪的目的。然而，海岸绿色生态堤防从空间上来看，是由堤前滨海湿地生态防御带、绿色海堤防御带及堤后陆域湿地生态缓冲带三部分构成。显然，滨海湿地是极为重要的缓冲带。前述已经说明，植被的缓冲一是需要相对较宽的区域，二是植被本身形成健康稳定的生物群落，这就需要较长的时间进行发育与演替。这二者限制了绿色生态堤防在沿海区域的适应和推广。因此，海岸绿色生态堤防并非适应于全球沿海各岸段。即绿色生态堤防实施需要在客观环境条件满足的基础上，考虑项目实施的短期效果和长期影响，以及长期适应战略。如对于频繁发生风暴潮或台风作用的海岸，则需要考虑在台风来临前半年实施较好，这有利于植被的迅速成林或定植。

同时，海岸绿色生态堤防的设计可以降低硬质结构的动力荷载，因而可增加堤防的使用寿命，减少维护工作（Vuik et al.，2019；Sutton-Grier et al.，2018）。然而，一方面绿色堤防需要更久的时间和更宽的空间来实现（Sutton-Grier et al.，2015），另一方面绿色堤防的设计有严格的标准，需遵循不同植被的生长与发育特征，如"宽绿堤"型式的生态堤防需达到 1：7 的缓坡倾角，而传统灰色堤防坡角标准仅为 1：3（van Loon-Steensma et al.，2014）。不同盐沼植物的生理特征在不同季节、地域展示出广泛的差异，因而较宽的缓坡有利于植被延展和发育（Bouma et al.，2010；Feagin et al.，2011；Möller et al，1991；Schulze et al.，2019）。但是植物结构动态变化将极大程度地影响其消浪功能（Koch et al.，2009；Phan et al.，2019；Zhang et al.，2017）。当前生态系统对于时空变化的响应，尤其对于海平面上升和极端风暴潮的响应机制和演变仍具有认知上的差异，故基于生态系统的海岸堤防集成设计工作仍然是当前海岸堤防的重要挑战（Bouma et al.，2014；Spalding et al.，2014）。

7.1.3　工程可实施性

海岸绿色生态堤防仍停留在理论阶段，即便全球已有部分国家正在实施，但仍具有较多难以回避和难以解决的问题。如对海岸绿色生态堤防的概念，海岸绿色生态堤防的功能、目标及配置等都处于认知和摸索阶段，对于绿色生态堤防"在哪建""建什么""怎么建"等基本问题，都存在不少悖论（高抒，2020）。

到目前为止，海岸绿色生态堤防尚未有类似传统海岸堤防成熟的理论、技术和操作规程，尽管一些学者提出了绿色生态堤防的操作框架（图 7-1），并将传统堤防工程和绿色堤防工程进行比较（表 7-1），但这类基于生态的解决方案能否付诸实践，仍有待检验，寻求绿色生态堤防方案的快速算法势在必行（图 7-2）。

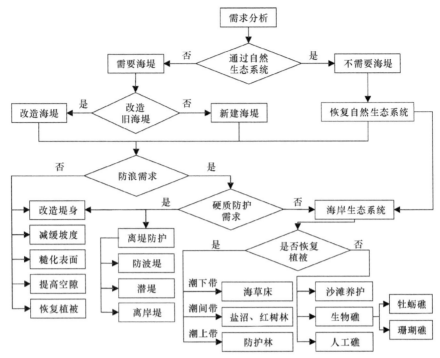

图 7-1 绿色生态堤防设计方案快速决策图（改自赵鹏等，2019）

表 7-1 传统工程和生态工程海岸防护技术的效果与限制比较（改自张华等，2015）

	受影响变量	传统灰色堤防	绿色生态堤防
功能性	自然栖息地	破坏或退化	保护或恢复
	泥沙沉积	停止或扰动（筑堤、筑坝等）加剧海岸侵蚀	保持或促进
	地面沉降	加剧（湿地围填、土壤排水，以及地下水和油气开采）	因捕沙促淤而减轻
	抗灾能力	防护标准高，一旦损毁后果严重	增强抵御风暴潮灾害能力
	水资源	水体交换能力下降，污染物积累和富营养化	蓄水、净化污水、改善水质
	碳储存功能	无	红树林和盐沼是重要的碳库
	渔业和养殖	衰退	改善、促进
	休闲功能	人工景观	自然景观、文化价值
工程性	长期可持续性	长期加固、维护费用高	可以自我维持
	成本—效益	中到高	设计和建设复杂，附加效益高
	空间需求	中等	用地量大，在土地成本高的城市区域不适用
	工程施工难度	中等	要求很高，需对本地自然状况和生态过程有深入了解
	现有实施经验	大量成功经验和失败教训	较少，仍需要深入研究
	防护效果	工程设计标准	缺乏评判标准
	适应区域	适应多数海岸类型	需根据地理特征针对性设计
社会性	健康风险	无	滞水可能导致病菌载体生长
	社会接受程度	广泛接受	仅在少数发达地区被接受

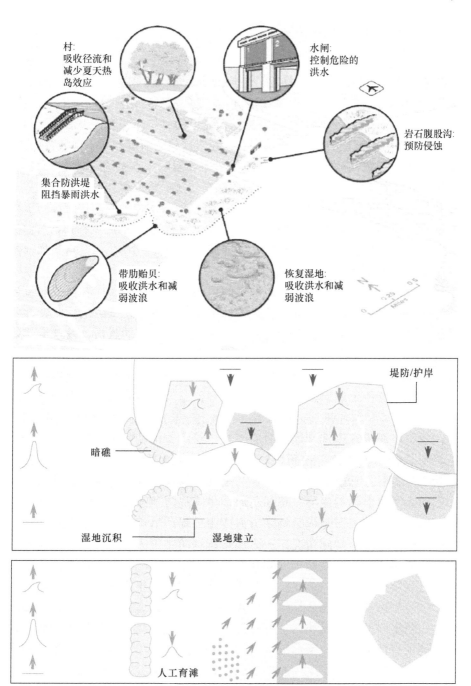

村:
吸收径流和
减少夏天热
岛效应

水闸:
控制危险的
洪水

岩石腹股沟:
预防侵蚀

集合防洪堤
阻挡暴雨洪水

带肋贻贝:
吸收洪水和减
弱波浪

恢复湿地:
吸收洪水和减
弱波浪

堤防/护岸

暗礁

湿地沉积　湿地建立

人工育滩

图 7-2　基于生态系统的解决方案

（上图：林伟斌和孙一民，2020；下图：改自 Temmerman et al.，2013）

7.2　环崇明岛海岸绿色生态堤防的启示

进入 21 世纪以来，流域入海泥沙急剧减少、全球海平面上升速度加快、台风风暴潮登陆频次及强度增大、海岸侵蚀日趋严重、河口三角洲潮滩湿地受损扩大、部分海岛濒临沉溺风险，加之无序、无法及无度的海岸高强度人类活动，河口海岸潮滩湿地不再像被割的韭菜"一茬还有一茬"，修建的海堤却似下雨天背棉絮"越背越重"。前者导致滩涂湿地消失殆尽，后者不仅阻隔生态系统的联通，而且堤防工程的成本很可能高于护岸效益。诸多弊端在传统堤防工程体现，近期"基于自然的生态防御"理念一经提出，很快走入全球沿海各国和地区。传统堤防工程真的失效了吗？新的"基于自然的生态防御"理念符合当前人-地生态和谐与健康安全的主旨，但真的能"放之四海而皆准"吗？"基于自然的生态防御"如何落于实地，如何进行海岸绿色生态堤防配准？

河口海岸"基于自然的生态防御"的核心是滩涂湿地。作者通过对世界级生态岛——崇明岛环岛滩涂进退、盐沼植被格局、滩涂未来风险预测、盐沼消浪极值评估，以及影响环岛滩涂的局部与宏观驱动应力的辨析，发现海岸绿色生态堤防远非我们通俗意义上的绿色+海堤、海堤内坡及外坡植入草皮装饰，也非我们意识到的将传统堤防完全摒弃，重构绿色环保海堤与重建堤内外滨海湿地。河口海岸绿色生态堤防是一个系统工程，是全新的概念且需要全新措施，是一项需要政府和海岸聚居区拥有者循序推进、长期执行和贯彻的工作。其中，一是在政策层面亟须国家和地方政府正视"绿水青山就是金山银山，泥滩盐沼也是金滩银草"，将滩涂湿地和耕地等同，强化滩涂湿地的保护、修复和提升对滩涂盐沼生态服务功能的普民教育。二是应认识和重视我国绝大部分滩涂都存在如崇明岛滩涂面临的困境，将绿色海岸生态堤防和滩涂实际情况相结合，构建适宜的堤防配准。三是应吸纳西方海岸绿色堤防措施，但不能照搬照抄，而要考虑我国沿海堤防实际情况，一方面传统堤防不可丢，另一方面围绕传统堤防重建重修堤内外滨海湿地以增强传统堤防的消浪缓流作用；新生或无堤的海岸则可进行新型绿色堤防构建。四是重建或再建绿色生态堤防需注重内涵，体现海岸绿色生态堤防的核心目标、基本特征与基本组成部分。五是建议加快推进海岸绿色堤防的核心模块——绿色海堤材料、堤身稳定和抗压等的研发，加快对不同河口河势演化、滩涂地貌冲淤机制、不同海岸自沙丘到内滨地貌系统的理论研究，加强动力-泥沙-地貌-生物的耦合机制研究，加强海岸绿色生态堤防"顶层设计"的宏观政策研究。相信我国特色海岸绿色生态堤防必将成为遍及中国河口海岸的一道美丽风景线。

从哲学的角度，新生事物假定符合事物发展的客观规律和前进趋势，则必然具有强大生命力和远大前途。海岸绿色生态堤防的提出意味着人类更珍惜人与自然和谐发展，更愿意在利用堤防保障沿海居民安全、社会与经济健康发展的同时，兼顾堤内外物质、生物及能量等的流通，维持固有生态系统的基本稳定。因而，海岸绿色生态堤防作为一种新型的海岸防护模式，必然具有广阔的发展前景。

参 考 文 献

白玉川, 杨建民, 胡嵋, 等. 2005. 植物消浪护岸模型实验研究. 海洋工程, 23(3): 5.

曹大正, 王银生, 张冬然, 等. 2005. 互花米草在吹填筑挡工程上的试验与应用. 中国工程科学, 7(7): 14-23.

陈吉余. 1957. 长江三角洲江口段的地形发育. 地理学报, 24(3): 241-253.

陈吉余. 2007. 中国河口海岸研究与实践. 北京: 高等教育出版社.

陈吉余, 虞志英, 恽才兴. 1959. 长江三角洲的地貌发育. 地理学报, 26(3): 201-220.

陈吉余, 恽才兴, 徐海根, 等. 1979. 两千年来长江河口发育的模式. 海洋学报, 1(1): 103-111.

陈杰, 赵静, 蒋昌波, 等. 2017. 非淹没刚性植物对规则波传播变形影响实验研究. 海洋通报, 36(2): 222-229.

陈俊昂, 王帅, 钟兴, 等. 2021. "多功能生态海堤构架体系"技术应用实践. 广东水利水电, (4): 56-59, 78.

陈俐骁, 熊李虎, 黄世昌. 2019. 玉环市漩门三期围垦工程对围区内生态系统及鸟类群落的影响研究. 浙江水利科技, 47(5): 11-17.

陈满荣, 王少平. 2000. 上海城市风暴潮灾害及其预测. 灾害学, 15(3): 27-30.

陈沈良, 陈吉余. 2002. 河流建坝对海岸的影响. 科学, 54(1): 12-15.

陈沈良, 谷国传, 刘勇胜. 2003. 长江口北支涌潮的形成条件及其初生地探讨. 水利学报, 34(11): 30-36.

陈沈良, 胡方西, 胡辉, 等. 2009. 长江口区河海划界自然条件及方案探讨. 海洋学研究, 27(S1): 1-9.

陈秀, 李爽兆, 袁德奎, 等. 2017. 渤海湾沉积物重金属的分布特征及影响因素. 海洋科学进展, 35(3): 382-391.

陈勇, 史玉金, 黎兵, 等. 2016. 上海海堤沉降特征与驱动机制. 海洋地质与第四纪地质, 36(6): 77-84.

陈中原. 2007. 长江河流入海泥沙通量的探讨. 海洋地质与第四纪地质, 27(1): 1-5.

戴志军, 陈吉余, 程和琴, 等. 2005. 南汇边滩的沉积特征和沉积物输运趋势. 长江流域资源与环境, 14(6): 735-739.

董文婉, 王彦昌, 吴军涛. 2020. 墨西哥湾溢油事件生态影响分析. 油气田环境保护, 30(6): 47-50, 69.

杜静安. 2018. 绿色堤防镌刻使命——解读上海城市防汛防台安全的生命线. 生命与灾害, (12): 20-23.

范航清, 何斌源, 王欣, 等. 2017. 生态海堤理念与实践. 广西科学, 24(5): 427-434, 440.

冯凌旋, 李九发, 戴志军, 等. 2009. 近年来长江河口北支水沙特性与河槽稳定性分析. 海洋学研究, 27(3): 40-47.

冯卫兵, 汪涛, 邓伟. 2012. 柔性植物消波特性试验研究. 科学技术与工程, 12(26): 6687-6690.

高抒. 2020. 防范未来风暴潮灾害的绿色海堤蓝图. 科学, 72(4): 4, 12-16.

高志松. 2008. 近百年来长江口北支对滩涂围垦的自适应研究. 上海: 华东师范大学硕士学位论文.

葛芳. 2018. 海岸带典型盐沼植被消浪效应研究. 上海: 华东师范大学硕士学位论文.

葛芳, 田波, 周云轩, 等. 2018. 海岸带典型盐沼植被消浪功能观测研究. 长江流域资源与环境, 27(8): 1784-1792.

关许为, 刘晓敏. 2012. 东风西沙水库工程施工期主要风险因素及对策探析. 水利科技, (4): 30-33.

郭建强. 2008. 长江河口外沙里泓地形的形成演变及其在河口整治开发中的作用. 上海: 华东师范大学硕士学位论文.

郭兴杰. 2015. 长江口北港河势演变及稳定性分析. 上海: 华东师范大学硕士学位论文.

国家发展改革委, 水利部. 2017. 全国海堤建设方案 2017. 北京: 国家发展改革委, 水利部

国家海洋局. 2017. 围填海工程生态建设技术指南(试行). 北京: 国家海洋局.

国家海洋局. 2018. 2017 年中国海平面公报. 北京: 国家海洋局.

河川治理中心. 2005. 滨水地区亲水设施规划设计. 苏利英译. 北京: 中国建筑工业出版社.

胡煌昊, 徐阳, 官明开. 2017. 珠江河口近期岸线演变及其原因. 水运工程, (4): 42-48.

胡梦瑶. 2020. 崇明东滩潮间带前沿植被与泥沙沉积协同动态研究. 上海: 华东师范大学硕士学位论文.

计娜, 程和琴, 杨忠勇, 等. 2013. 近 30 年来长江口岸滩沉积物与地貌演变特征. 地理学报, 68(7): 945-954.

贾海林, 刘苍字, 杨欧. 2001. 长江口北支沉积动力环境分析. 华东师范大学学报(自然科学版), 1(1): 90-96.

李华, 杨世伦. 2007. 潮间带盐沼植物对海岸沉积动力过程影响的研究进展. 地球科学进展, 22(6): 583-591.

李九发, 万新宁, 应铭, 等. 2006. 长江河口九段沙沙洲形成和演变过程研究. 泥沙研究, (6): 44-49.

李丽凤, 刘文爱, 蔡双娇, 等. 2019. 广西北海滨海国家湿地公园生态海堤建设模式研究. 湿地科学, 17(3): 277-285.

李平, 陈沈良, 谷国传, 等. 2009. 长江口九段沙岸滩的短周期地貌动力过程. 海洋学研究, 27(1): 56-64.

李荣军. 2006. 荷兰围海造地的启示. 海洋开发与管理, (3): 31-34.

李雪峰. 2020. 中国特色公共安全保障体系——以 2019 年台风"利奇马"应对为例. 中国应急管理科学, (12): 76-85.

李远, 安树青, 孙庆业, 等. 2004. 生态学方法在海堤防护中的应用. 南京大学学报(自然科学), 4(2): 219-225.

李媛媛, 侯贵兵, 王英杰. 2020. 融合滨水空间设计的城市防洪工程设计理念及实践. 人民珠江, 41(12): 53-57, 77.

林伟斌, 孙一民. 2020. 基于自然解决方案对我国城市适应性转型发展的启示. 国际城市规划, 35(2): 62-72.

刘达, 黄本胜, 邱静, 等. 2015. 破碎波条件下海岸防浪林对波浪爬高消减的试验研究. 中国水利水电科学研究院学报, 13(5): 333-338.

刘怀汉, 袁达全, 裴金林, 等. 2013. 长江下游白茆沙水道航道整治对策. 水运工程, (11): 86-92.

刘雪, 马妍妍, 李广雪, 等. 2013. 基于卫星遥感的长江口岸线演化分析. 海洋地质与第四纪地质, 33(2): 17-23.

卢莹, 赵海坤, 赵丹, 等. 2021. 1984—2017 年影响中国热带气旋灾害的时空特征分析. 海洋学报, 43(6): 45-61.

路兵, 蒋雪中. 2013. 滩涂围垦对崇明东滩演化影响的遥感研究. 遥感学报, 17(2): 342-349.

骆永明. 2016. 中国海岸带可持续发展中的生态环境问题与海岸科学发展. 中国科学院院刊, 31(10): 1133-1142.

茅志昌, 郭建强, 虞志英, 等. 2008. 杭州湾北岸岸滩冲淤分析. 海洋工程, 26(1): 108-113.

茅志昌, 李九发, 吴华林. 2003. 上海市滩涂促淤圈围研究. 泥沙研究, (2): 77-81.

茅志昌, 虞志英, 徐海根. 2014. 上海潮滩研究. 上海: 华东师范大学出版社.

孟凡宇. 2010. 长江河口区物质输移动力机制研究. 沈阳: 沈阳理工大学硕士学位论文.

钱宁, 周文浩. 1965. 黄河下游河床演变. 北京: 科学出版社.

任美锷, 张忍顺, 杨巨海, 等. 1983. 风暴潮对淤泥质海岸的影响——以江苏省淤泥质海岸为例. 海洋地质与第四纪地质, 3(4): 3-26.

桑永尧, 虞志英, 金镠. 2003. 长江河口横沙东滩自然演变及工程影响. 海洋学研究, 21(3): 14-23.

沙文达, 俞富斌, 张振声. 2008. 崇明岛生态海塘的建设对策. 上海建设科技, (2): 30-32, 39.

邵继彭, 姜睿涛, 杨志超, 等. 2017. 海堤断面类型及适应性设计. 水利水电工程设计, 36(2): 15-17.

沈新民, 宋祖契. 1986. 崇明县(岛)的变迁与海塘工程建设. 上海水利, (2): 46-52.

盛皓, 戴志军, 梅雪菲, 等. 2017. 长江口青草沙水库前沿河床演变与失稳风险研究. 海洋工程, 35(2): 105-114.

宋连清. 1997. 互花米草及其对海岸的防护作用. 东海海洋, 15(1): 12-20.

宋泽坤. 2013. 近 30 年来长江口北支滩涂围垦对水动力和河槽冲淤演变影响分析. 上海: 华东师范大学硕士学位论文.

孙斌栋. 2020. 崇明世界级生态岛绿皮书 2020. 北京: 科学出版社.

孙林云, 潘军宁, 邢复, 等. 2001. 砂质海岸突堤式建筑物下游岸线变形数学模型. 海洋学报, 23(5): 121-129.

唐洪武, 闫静, 肖洋, 等. 2007. 含植物河道曼宁阻力系数的研究. 水利学报, (11): 1347-1353.

王德运, 谭亚妮, 柯小玲, 等. 2020. 中国热带气旋灾害经济损失时空特征分析. 灾害学, 35(2): 62-69.

王江波, 王俊, 苟爱萍. 2020. 超强台风背景下日本东京湾海岸线安全防护体系建设. 水土保持通报, 40(4): 329-334.

王宁舸, 龚政, 张长宽, 等. 2016. 淤泥质潮滩地貌演变中的水动力及生物过程研究进展. 海洋工程, 34(1): 104-116.

王曦鹏, 吕江华, 乔兵. 2013. 新型海堤结构形式探究. 河南科技, (17): 153.

王喜年. 1993. 全球海洋的风暴潮灾害概况. 海洋预报, 10(1): 30-36.

王晓鹏. 2012. 青草沙水库工程规划布局节能分析. 城市道桥与防洪, (8): 216-219.

王永红, 沈焕庭, 李广雪, 等. 2005. 长江口南支涨潮槽新桥水道冲淤变化的定量计算. 海洋学报, 27(5): 145-150.

魏嵩山. 1983. 崇明岛的形成、演变及其开发的历史过程. 学术月刊, (4): 74-77.

吴福生. 2007. 河道漫滩及湿地上淹没柔性植物水流的紊流特性. 水利学报, (11): 1301-1305.

吴澎, 王海霞, 蔡艳君. 2013. 上海港深水新港区初步规划. 中国工程科学, 15(6): 48-53, 60.

吴焱. 2017. 长江口南北港分流口河段近期河势变化及对区域重大整治工程的影响. 水运工程, (7): 136-140.

谢华亮, 戴志军, 左书华, 等. 2015. 1959~2013 年长江河口南槽动力地貌演变过程. 海洋工程, 33(5): 51-59.

谢丽, 张振克. 2010. 近 20 年中国沿海风暴潮强度、时空分布与灾害损失. 海洋通报, 29(6): 690-696.

熊红霞, 戴明新, 彭士涛, 等. 2020. 日本东京湾环境再生计划(一期)对中国渤海湾环境保护与修复的启示. 水道港口, 41(1): 119-124.

徐海珏, 胡萍, 白玉川, 等. 2020. 木本植被覆盖岸坡上波浪爬升过程的数值模拟研究. 海洋学报, 42(3): 10-24.

徐骏, 王珏. 2015. 长江口白茆沙汊道段近期河道演变分析. 水利科技与经济, 21(11): 87-90.

徐伟, 陶爱峰, 刘建辉, 等. 2019. 国际海岸带生态防护对我国生态海堤建设的启示. 海洋开发与管理, 36(10): 12-15.

许宝华, 乔红杰. 2019. 长江口北支涌潮现状分析. 长江科学院院报, 36(5): 13-17.

杨明, 秦崇仁, 刘振纹, 等. 2006. 一线模型在黄河口岸线预报中的应用. 中国港湾建设, (1): 4-7.

杨世伦, 陈吉余. 1994. 试论植物在潮滩发育演变中的作用. 海洋与湖沼, 25(6): 631-635.

杨世伦, 李明, 张文祥. 2006. 三角洲前缘岸滩对河流来沙减少响应的敏感性探讨——以长江口门区崇明岛向海侧岸滩为例. 地理与地理信息科学, 22(6): 62-65.

杨世伦, 谢文辉, 朱骏, 等. 2001. 大河口潮滩地貌动力过程的研究——以长江口为例. 地理学与国土研究, 17(3): 44-48.

杨世伦, 姚炎明, 贺松林. 1999. 长江口冲积岛岸滩剖面形态和冲淤规律. 海洋与湖沼, 30(6): 764-769.

杨世伦, 朱骏, 赵庆英. 2003. 长江供沙量减少对水下三角洲发育影响的初步研究——近期证据分析和未来趋势估计. 海洋学报, 25(5): 83-91.

姚弘毅, 李九发, 戴志军, 等. 2013. 长江河口北港河道泥沙特性及河床沙再悬浮研究. 泥沙研究, (3): 6-13.

虞娟. 2005. RS 和 ANN 技术在岸线演变分析中的应用. 南京: 东南大学硕士学位论文.

虞娟, 陈一梅. 2005. 河道岸线演变预测方法研究. 三峡大学学报(自然科学版), 27(4): 305-308.

虞志英, 楼飞. 2004. 长江口南汇嘴近岸海床近期演变分析——兼论长江流域来沙量变化的影响. 海洋学报, 26(3): 47-53.

袁志伦. 1986. 上海海塘修筑史略. 上海水利, (2): 7-16.

恽才兴. 2004. 长江河口近期演变基本规律. 北京: 海洋出版社.

恽才兴. 2010. 图说长江河口演变. 北京: 海洋出版社.

翟俊. 2016. 弹性作为城市应对气候变化的组织架构——以美国"桑迪"飓风灾后重建竞赛的优胜方案为例. 城市规划, 40(8): 9-15.

詹旭奇. 2019. 海岸生态廊道设计理论研究. 大连: 大连理工大学硕士学位论文.

张东, 潘雪峰, 张鹰. 2008. 基于可见光遥感测深技术的长江口南支河段河势演变规律研究. 海洋学报, 30(2): 33-37.

张华, 韩广轩, 王德, 等. 2015. 基于生态工程的海岸带全球变化适应性防护策略. 地球科学进展, 30(9): 996-1005.

赵鹏, 朱祖浩, 江洪友, 等. 2019. 生态海堤的发展历程与展望. 海洋通报, 38(5): 481-490.

甄峰, 翟高勇, 徐欢, 等. 2021. 新形势下江苏省海堤调整及建设思路探讨. 治淮, (1): 54-56.

郑金海, 冯向波, 陶爱峰, 等. 2011. 德国梅-前州和下萨克森州的海岸防护新理念与新型式//中国海洋工程学会. 第十五届中国海洋(岸)工程学术讨论会论文集(中). 北京: 海洋出版社, 475-481.

郑晶晶, 徐迎, 金丰年. 2007. "卡特里娜" 飓风对防灾预案的启示. 自然灾害学报, (1): 12-16.

郑宗生. 2007. 长江口淤泥质潮滩高程遥感定量反演及冲淤演变分析. 上海: 华东师范大学博士学位论文.

周怀东, 杜霞, 李怡庭, 等. 2003. 多自然型河流建设的施工方法及要点. 北京: 中国水利水电出版社, 28-70.

周之珂, 季金安. 1989. 上海市崇明县志. 上海市崇明县县志编纂委员会编. 上海: 上海人民出版社.

Alizadeh G, Vafakhah M, Azarmsa A, et al. 2011. Using an artificial neural network to model monthly shoreline variations. 2011 2nd International Conference on Artificial Intelligence, Management Science and Electronic Commerce (AIMSEC). IEEE, 4893-4896.

Anderson F E. 1973. Observations of some sedimentary processes acting on a tidal flat. Marine Geology, 14(2): 101-116.

Anthony E J, Brunier G, Besset M, et al. 2015. Linking rapid erosion of the Mekong River delta to human activities. Scientific Reports, 5: 14745.

Arens S M, Geelen L H W T. 2006. Dune landscape rejuvenation by intended destabilisation in the Amsterdam water supply dunes. Journal of Coastal Research, 22(5): 1094-1107.

Augustin L N, Irish J L, Lynett P. 2008. Laboratory and numerical studies of wave damping by emergent and near-emergent wetland vegetation. Coastal Engineering, 56(3): 332-340.

Balke T, Bouma T J, Horstman E M, et al. 2011. Windows of opportunity: Thresholds to mangrove seedling establishment on tidal flats. Marine Ecology Progress Series, 440: 1-9.

Balke T, Herman P M J, Bouma T J. 2014. Critical transitions in disturbance-driven ecosystems: Identifying windows of opportunity for recovery. Journal of Ecology, 102: 700-708.

Balke T, Klaassen P C, Garbutt A, et al. 2012. Conditional outcome of ecosystem engineering: a case study on tussocks of the salt marsh pioneer Spartina anglica. Geomorphology, 153: 232-238.

Barusseau J P, Ba M, Descamps C. 1998. Morphological and sedimentological changes in the Senegal River estuary after the constuction of the Diama dam. Journal of African Earth Sciences, 26(2): 317-326.

Bassoullet P. 2000. Sediment transport over an intertidal mudflat: field investigations and estimation of fluxes within the "Baie de Marennes-Oleron" (France). Continental Shelf Research, 20(12-13): 1635-1653.

Bearman J A, Friedrichs C T, Jaffe B E, et al. 2010. Spatial Trends in Tidal Flat Shape and Associated Environmental Parameters in South San Francisco Bay. Journal of Coastal Research, 26(2): 342-349.

Bernatchez P, Fraser C. 2012. Evolution of coastal defence structures and consequences for beach width trends, Quebec, Canada. Journal of Coastal Research, 28(6): 1550-1566.

Biggs R B. 1970. Sources and distribution of suspended sediment in northern Chesapeake Bay. Marine Geology, 9(3): 187-201.

Blum M D, Tomkin J H, Purcell A, et al. 2008. Ups and downs of the Mississippi Delta. Geology, 36(9): 675-678.

Bouma T J, De vries M B, Herman P M J. 2010. Comparing ecosystem engineering efficiency of two plant species with contrasting growth strategies. Ecology, 91(9): 2696-2704.

Bouma T J, De Vries M B, Low E, et al. 2005. Flow Hydrodynamics on a mudflat and in salt marsh vegetation: identifying general relationships for habitat characterisations. Hydrobiologia, 540: 259-274.

Bouma T J, Friedrichs M, Klaassen P, et al. 2009. Effects of shoot stiffness, shoot size and current velocity on scouring sediment from around seedlings and propagules. Marine Ecology Progress Series, 388: 293-297.

Bouma T J, van Belzen J, Balke T, et al. 2014. Identifying knowledge gaps hampering application of intertidal habitats in coastal protection: Opportunities & steps to take. Coastal Engineering, 87: 147-157.

Braat L, van Kessel T, Leuven J R F W, et al. 2017. Effects of mud supply on large-scale estuary morphology and development over centuries to millennia. Earth Surface Dynamics, 5(4): 617-652.

Brisson C.P, Coverdale T C, Bertness M D. 2014. Salt marsh die-off and recovery reveal disparity between the recovery of ecosystem structure and service provision. Biological Conservation, 179: 1-5.

Browder G, Ozment S, Bescos I R, et al. 2019. Integrating green and gray: creating next generation infrastructure. Washington: World Bank and World Resources Institute.

Bulleri F, Chapman M G. 2010. The introduction of coastal infrastructure as a driver of change in marine environments. Journal of Applied Ecology, 47: 26-35.

Cao H J, Chen Y J, Tian Y, et al. 2016. Field Investigation into Wave Attenuation in the Mangrove Environment of the South China Sea Coast. Journal of Coastal Research, 32(6): 1417-1427.

Chapman M G, Underwood A J. 2011. Evaluation of ecological engineering of "armoured" shorelines to improve their value as habitat. Journal of Experimental Marine Biology and Ecology, 400(1-2): 302-313.

Chen B, Ouyang Z. 2010. Prediction of winter wheat evapotranspiration based on BP neural networks. Nongye Gongcheng Xuebao/Transactions of the Chinese Society of Agricultural Engineering, 26(4): 81-86.

Chen S N, Sanford L P, Koch E W, et al. 2007. A nearshore model to investigate the effects of seagrass bed geometry on wave attenuation and suspended sediment transport. Estuaries and Coasts, 30(2): 296-310.

Cheong S M, Silliman B, Wong P P, et al. 2013. Coastal adaptation with ecological engineering. Nature Climate Change, 3: 787-791.

Chu Z X, Sun X G, Zhai S K, et al. 2006. Changing pattern of accretion/erosion of the modern Yellow River (Huanghe) subaerial delta, China: Based on remote sensing images. Marine Geology, 227(1-2): 13-30.

Coelho C, Cruz T, Roebeling P. 2016. Longitudinal revetments to mitigate over topping and flooding: Effectiveness, costs and benefits. Ocean & Coastal Management, 134: 93-102.

Construction Industry Research and Information Association (CIRIA). 2013. The International Levee

Handbook. CIRIA: London, UK.

Cooke B C, Jones A R, Goodwin I D, et al. 2012. Nourishment practices on Australian sandy beaches: A review. Journal of Environmental Management, 113: 319-327.

Cooper J A G, Mckenna J. 2008. Working with natural processes: the challenge for coastal protection strategies. Geographical Journal, 174(4): 315-331.

Dai Z J, Chu A, Stive M, et al. 2011b. Is the Three Gorges Dam the cause behind the extremely low suspended sediment discharge into the Yangtze (Changjiang) Estuary of 2006?. Hydrological Sciences Journal, 56(7): 1280-1288.

Dai Z J, Du J Z, Zhang X L, et al. 2011a. Variation of Riverine Material Loads and Environmental Consequences on the Changjiang (Yangtze) Estuary in Recent Decades (1995-2008). Environmental Science & Technology, 45(1): 223-227.

Dai Z J, Fagherazzi S, Mei X F, et al. 2016. Linking the infilling of the North Branch in the Changjiang (Yangtze) estuary to anthropogenic activities from 1958 to 2013. Marine Geology, 379: 1-12.

Dai Z J, Liu J T. 2013. Impacts of large dams on downstream fluvial sedimentation: an example of the Three Gorges Dam (TGD) on the Changjiang (Yangtze River) . Journal of Hydrology, 480: 10-18.

Dai Z J, Liu J T, Wei W, et al. 2014. Detection of the Three Gorges Dam influence on the Changjiang (Yangtze River) submerged delta. Scientific Reports, 4: 6600.

Dai Z J, Mei X F, Darby S E, et al. 2018. Fluvial sediment transfer in the Changjiang (Yangtze) river-estuary depositional system. Journal of Hydrology, 566: 719-734.

Danielsen F, Sorensen M K, Olwig M F, et al. 2005. The Asian tsunami: a protective role for coastal vegetation. Science, 310(5748): 643-643.

Davlasheridze M, Atoba K O, Brody S, et al. 2019. Economic impacts of storm surge and the cost-benefit analysis of a coastal spine as the surge mitigation strategy in Houston-Galveston area in the USA. Mitigation and Adaptation Strategies for Global Change, 24: 329-354.

Davy A J, Brown M, Mossman H L, et al. 2011. Colonization of a newly developing salt marsh: disentangling independent effects of elevation and redox potential on halophytes. Journal of Ecology, 99(6): 1350-1357.

Day J W, Boesch D F, Clairain E J, et al. 2017. Restoration of the Mississippi Delta: Lessons from Hurricanes Katrina and Rita. Science, 315(5819): 1679-1684.

Deo M C, Naidu C S. 1998. Real Time Forecasting Using Neural Networks. Ocean Engineering, 26(3): 191-203.

Duarte C M, Losada I J, Hendriks I E, et al. 2013. The role of coastalplant communities for climate change mitigation and adaptation. Nature Climate Change, 3: 961-968.

EcoShape. 2020. Building with Nature. www.ecoshape.nl.[2022-8-3].

Eelkema M, Stive W M J F. 2012. Impact of Back-Barrier Dams on the Development of the Ebb-Tidal Delta of the Eastern Scheldt. Journal of Coastal Research, 28(6): 1591-1605.

El-Asmar H M, Taha M M N, El-Sorogy A S. 2016. Morphodynamic changes as an impact of human intervention at the Ras El-Bar-Damietta Harbor coast, NW Damietta Promontory, Nile Delta, Egypt. Journal of African Earth Sciences, 124: 323-339.

Elias E P L, Spek A J F V D, Lazar M. 2017. The 'Voordelta', the contiguous ebb-tidal deltas in the SW Netherlands: large-scale morphological changes and sediment budget 1965–2013；impacts of large-scale engineering. Netherlands Journal of Geosciences, 96(3): 233-259.

Elliott M, Day J W, Ramachandran R, et al. 2019. Chapter 1 - a synthesis: what is the future for coasts, estuaries, deltas and other transitional habitats in 2050 and beyond?// Wolanski E, Day J W, Elliott M, et al. Coasts and Estuaries. Elsevier, Amsterdam, Netherlands; Oxford, United Kingdom; Cambridge, United States, 1-28.

Empfehlungen für die Ausführung von Küstenschutzwerken (EAK). 2002. Empfehlungen für Küstenschutzwerke: Korrigierte Ausgabe 2002. In Die Küste; Kuratorium für Forschung im Küsteningenieurwesen, Ed.; Bundesanstalt für Wasserbau (BAW): Karlsruhe, Germany.

Erten E, Rossi C. 2019. The worsening impacts of land reclamation assessed with Sentinel-1: The Rize (Turkey) test case. International Journal of Applied Earth Observation and Geoinformation, 74: 57-64.

Fagherazzi S, Sun T. 2004. A stochastic model for the formation of channel networks in tidal marshes. Geophysical Research Letters, 31(21): L21503.

Fanos A M. 1995. The impact of human activities on the erosion and accretion of the Nile delta coast. Journal of coastal research, 11(3): 821-833.

Feagin R A, Irish J L, Möller I, et al. 2011. Short communication: Engineering properties of wetland plants with application to wave attenuation. Coastal Engineering, 58(3): 251-255.

Firth L B, Thompson R C, White F J, et al. 2013. The importance of water-retaining features for biodiversity on artificial intertidal coastal defence structures. Diversity and Distributions, 13(10): 1275-1283.

Fonseca M S, Cahalan J A. 1992. A preliminary evaluation of wave attenuation by four species of seagrass. Estuarine, Coastal and Shelf Science, 35(6): 565-576.

Franz G, Delpey M T, Brito D, et al. 2017. Modelling of sediment transport and morphological evolution under the combined action of waves and currents. Ocean Science, 13(5): 673-690.

Friedman J M, Osterkamp W R, Scott M L, et al. 1998. Downstream effects of dams on channel geometry and bottomland vegetation: Regional patterns in the great plains. Wetlands, 18(4): 619-633.

Friess D A, Krauss K W, Horstman E M, et al. 2012. Are all intertidal wetlands naturally created equal? Bottlenecks, thresholds and knowledge gaps to mangrove and saltmarsh ecosystems. Biological Reviews, 87(2): 346-366.

Frihy O E, Badr A E M A, Hassan M S. 2002. Sedimentation Processes at the Navigation Channel of the Damietta Harbour on the Northeastern Nile Delta Coast of Egypt. Journal of Coastal Research, 18(3): 459-469.

Fromard F, Vega C, Proisy C. 2004. Half a century of dynamic coastal change affecting mangrove shorelines of French Guiana. A case study based on remote sensing data analyses and field surveys. Marine Geology, 208(2-4): 265-280.

Future Earth Coasts. 2022. Land-ocean interactions in the coastal zone. www.futureearthcoasts. org[2022-8-3].

Garcia-Rubio G, Huntley D, Russell P. 2015. Evaluating shoreline identification using optical satellite images. Marine Geology, 359: 96-105.

Garzon J L, Miesse T, Ferreira C M. 2018. Field-based numerical model investigation of wave propagation across marshes in the Chesapeake Bay under storm conditions. Coastal Engineering, 146: 32-46.

Ge Z M , Wang H , Cao H B , et al. 2016. Responses of eastern Chinese coastal salt marshes to sea-level rise combined with vegetative and sedimentary processes. Scientific Reports, 6(1): 28466.

Giosan L, Syvitski J, Constantinescu S, et al. 2014. Climate change: Protect the world's deltas. Nature, 516(7529): 31-33.

Gittman R K, Fodrie F J, Popowich A M, et al. 2015. Engineering away ournatural defenses: analysis of shoreline hardening in the US. Frontiers in Ecology and the Environment, 13: 301-307.

Gittman R K, Peterson C H, Currin C A, et al. 2016. Living shorelines can enhance the nursery role of threatened estuarine habitats. Ecological Applications, 26(1): 249-263.

Grams P E, Schmidt J C. 2005. Equilibrium or indeterminate? Where sediment budgets fail: Sediment mass balance and adjustment of channel form, Green River downstream from Flaming Gorge Dam, Utah and Colorado. Geomorphology, 71(1-2): 156-181.

Guha-Sapir D. 2021. EM-DAT: The Emergency Events Database. www.emdat.be. [2021-08-14].

Haijin, Cao, Yujun, et al. 2016. Field Investigation into Wave Attenuation in the Mangrove Environment of the South China Sea Coast. Journal of Coastal Research, 32(6): 1417-1427.

Hale R, Calosi P, Mcneill L, et al. 2011. Predicted levels of future ocean acidification and temperature rise could alter community structure and biodiversity in marine benthic communities. Oikos, 120(5): 661-674.

Hammond M E R, Malvarez G C, Cooper A. 2002. The distribution of Spartina anglica on estuarine mudflats in relation to wave-related Hydrodynamic parameters. Journal of Coastal Research, 36(10036): 352-355.

Hanson H. 1989. Genesis-A Generalized Shoreline Change Numerical Model. Journal of Coastal Research, 5(1): 1-27.

Hansson P, Fredriksson H. 2004. Use of summer harvested common reed (Phragmites australis) as nutrient source for organic crop production in Sweden - ScienceDirect. Agriculture, Ecosystems & Environment, 102(3): 365-375.

Hardaway C, Milligan D A, Duhring K. 2010. Living Shoreline Design Guidelines for Shore Protection in Virginia's Estuarine Environments (Special report in applied marine science and ocean engineering No 421) . Wachapreague: Virginia Institute of Marine Science.

Harris M E, Ellis J T. 2020. A holistic approach to evalu ating dune cores. Journal of Coastal Conservation, 24(4): 42.

He F, Chen J, Jiang C. 2019. Surface wave attenuation by vegetation with the stem, root and canopy. Coastal engineering, 152(3): 103509.

He Q, Bertness M D, Bruno J F, et al. 2014. Economic development and coastal ecosystem change in China. Scientific Reports, 4: 5995.

Hearn C J. 2011. Perspectives in coral reef Hydrodynamics. Coral Reefs, 2011, 30(S1): 1-9.

Hensley L, Varela R E. 2008. PTSD symptoms and somatic complaints following Hurricane Katrina: The roles of trait anxiety and anxiety sensitivity. Journal of Clinical Child &Adolescent Psychology, 37(3): 542-552.

Hofstede J L A. 2019. On the feasibility of managed retreat in the Wadden Sea of Schleswig-Holstein. Journal of Coastal Conservation, 23 (6): 1069-1079.

Horstman E M, Dohmen-Janssen C M, Narra P M F, et al. 2014. Wave attenuation in mangroves: A quantitative approach to field observations. Coastal Engineering, 94(dec.): 47-62.

Horstman E M, Lundquist C J, Bryan K R, et al. 2018. The Dynamics of Expanding Mangroves in New Zealand.// Makowski C, Finkl C. W. Threats to Mangrove Forests: Hazards, Vulnerability, and Management. Springer, 25: 23-51.

Houwing, E J. 2000. Morphodynamic development of intertidal mudflats: consequences for the extension of the pioneer zone. Continental Shelf Research, 20(12-13): 1735-1748.

Hu K, Chen Q, Wang H. 2015. A numerical study of vegetation impact on reducing storm surge bywetlands in a semi-enclosed estuary. Coastal Engineering, 95(Jan.): 66-76.

Hu Z, Suzuki T, Zitman T, et al. 2014. Laboratory study on wave dissipation by vegetation in combined current-wave flow. Coastal Engineering, 88: 131-142.

Huguet J R, Bertin X, Arnaud G. 2018. Managed realignment to mitigate storm-induced flooding: a case study in La Faute-sur-mer, France. Coastal Engineering, 134: 168-176.

Infantes E, Orfila A, Bouma T J, et al. 2011. Posidonia oceanica and Cymodocea nodosa seedling tolerance to wave exposure. Limnology & Oceanography, 56(6): 2223-2232.

IPCC, 2021. Climate Change 2021: The Physical Science Basis. Contribution of working group I to the sixth assessment report of the intergovernmental panel on climate change. Cambridge: Cambridge University Press.

Jackson N L, Nordstrom K F, Saini S, et al. 2015. Influence of configuration of bulkheads on use of estuarine beaches by horseshoe crabs and foraging shorebirds. Environmental Earth Sciences, 74(7): 5749-5758.

Jadhav R S, Chen Q. 2013. Probability distribution of wave heights attenuated by salt marsh vegetation during tropical cyclone. Coastal Engineering, 82: 47-55.

Jaffe B E, Smith R E, Foxgrover A C. 2007. Anthropogenic influence on sedimentation and intertidal mudflat change in San Pablo Bay, California: 1856–1983. Estuarine Coastal and Shelf Science, 73(1-2): 175-187.

Jiang C J, Li J F, Swart H E D. 2012. Effects of navigational works on morphological changes in the bar area of the Yangtze Estuary. Geomorphology, 139-140: 205-219.

John B M, Shirlal K G, Rao S. 2015. Effect of artificial sea grass on wave attenuation- An experimental investigation. Aquatic Procedia, 4: 221-226.

Jones H P, Hole D G, Zaval eta E S. 2012. Harnessing nature to help people adapt to climate change. Nature Climate Change, 2(7): 504-509.

Kabat P, Fresco L O, Stive M J F, et al. 2009. Dutch coasts in transition. Nature Geoscience, 2(7): 450-452.

Kathiresan K, Rajendran N. 2005. Coastal mangrove forests mitigated tsunami. Estuarine, Coastal and Shelf Science, 65(3): 601-606.

Kirwan M L, Megonigal J P. 2013. Tidal wetland stability in the face of human impacts and sea-level rise. Nature, 504: 53-60.

Kobayashi N, Raichlen A W, Asano T. 1993. Wave attenuation by vegetation. Journal of Waterway, Port, Coastal, and Ocean Engineering, 119: 30-48.

Koch E W, Barbier E B, Silliman B R, et al. 2009. Non-linearity in ecosystem services: temporal and spatial variability in coastal protection. Frontiers in Ecology and the Environment, 7(1): 29-37.

Lan Y J. 2020. Mathematical study on wave propagation through emergent vegetation. Water, 12(2): 606.

Lee T L. 2004. Back-propagation neural network for long-term tidal predictions. Ocean Engineering, 31(2): 225-238.

Leeuwen C, Tangelder M. 2014. Governance van innovatieve dijkconcepten in de Zuidwestelijke Delta. Wageningen: Wageningen University & Research.

Leonardi N, Camacina I, Donatelli C, et al. 2018. Dynamic interactions between coastal storms and salt marshes: A review. Geomorphology, 301: 92-107.

Leonardi N, Mei X, Carnacina I, et al. 2021. Marine sediment sustains the accretion of a mixed fluvial-tidal delta. Marine Geology, 438: 106520.

Li H, Yang S L. 2009. Trapping effect of tidal marsh vegetation on suspended sediment, Yangtze Delta. Journal of Coastal Research, 25(4): 915-930.

Li X, Zhang X, Qiu C Y, et al. 2020. Rapid loss of tidal flats in the Yangtze River Delta since 1974. International Journal of ENvironmental Research and Public Health, 17(5): 1636.

Li X, Zhou Y X, Zhang L P, et al. 2014. Shoreline change of Chongming Dongtan and response to river sediment load: A remote sensing assessment. Journal of Hydrology, 511: 432-442.

Li Y P, Anim D O, Wang Y, et al. 2015. Laboratory simulations of wave attenuation by an emergent vegetation of artificial *Phragmites australis*: an experimental study of an open-channel wave flume. Journal of Environmental Engineering and Landscape Management, 23(4): 251-266.

Losada I J, Maza M, Lara J L. 2016. A new formulation for vegetation-induced damping under combined waves and currents. Coastal Engineering, 107(JAN.): 1-13.

Lou Y Y, Dai Z J, He Y Y, et al. 2020. Morphodynamic couplings between the Biandan Shoal and Xinqiao Channel, Changjiang (Yangtze) Estuary. Ocean and Coastal Management, 183: 105036.

Lu Y L, Wang R, Shi Y, et al. 2018. Interaction between pollution and climate change augments ecological risk to a coastal ecosystem. Ecosystem Health and Sustainability, 4: 7: 161-168.

Luo S, Cai F, Liu H, Lei, et al. 2015. Adaptive measures adopted for risk reduction of coastal erosion in the People's Republic of China. Ocean & Coastal Management, 103: 134-145.

Marani M, D'Alpaos A, Lanzoni S, et al. L. 2010. The importance of being coupled: Stable states and catastrophic shifts in tidal biomorphodynamics. Journal of Geophysical Research-Earth Surface, 115: F04004.

Marijnissen R J C, Kok M, Kroeze C, et al. 2021. Flood risk reduction by parallel flood defences – Case-study of a coastal multifunctional flood protection zone. Coastal Engineering, 167(3): 103903.

Maza M, Lara J L, Losada I J. 2019. Experimental analysis of wave attenuation and drag forces in a realistic fringe Rhizophora mangrove forest. Advances in Water Resources, 131: 103376.

Mazda Y, Magi M, Ikeda Y, et al. 2006. Wave reduction in a mangrove forest dominated by Sonneratiasp. Wetlands Ecology and Management, 14(4): 365-378.

Mazda Y, Magi M, Kogo M, et al. 1997. Mangroves as a coastal protection from waves in the Tong King delta, Vietnam. Mangroves and Salt Marshes, 1(2): 127-135.

Mendez F J, Losada I J. 2004. An empirical model to estimate the propagation of random breaking and nonbreaking waves over vegetation fields. Coastal Engineering, 51(2): 103-118.

Milliman J D, Farnsworth K L. 2011. River discharge to the coastal ocean: a global synthesis. Cambridge: Cambridge University Press, 143-144.

Mitsch W J. 1996. Ecological Engineering: A new paradigm for engineers and ecologists// Schulze P C. Engineering within Ecological Constraints. Washington: National Academy Press, 111-132.

Mohamed T A, Alias N A, Ghazali A H, et al. 2006. Evaluation of environmental and hydraulic performance of bio-composite revetment blocks. American Journal Environment Sciences, 2(4): 129-134.

Möller I. 2006. Quantifying saltmarsh vegetation and its effect on wave height dissipation: Results from a UK East coast saltmarsh. Estuarine Coastal and Shelf Science, 69(3-4): 337-351.

Möller I, Spencer T, French R, et al. 1999. Wave transformation over salt marshes: A field and numerical modelling study from north Norfolk, England. Estuarine Coastal and Shelf Science, 49(3): 411-426.

Murray N J, Clemens R S, Phinn S R, et al. 2014. Tracking the rapid loss of tidal wetlands in the Yellow Sea. Frontiers in Ecology and the Environment, 12(5): 267-272.

Murray N J, Phinn S R, Dewitt M, et al. 2019. The global distribution and trajectory of tidal flats. Nature, 565(7738): 222-225.

Ndour A, Laibi R A, Sadio M, et al. 2018. Management strategies for coastal erosion problems in west Africa: Analysis, issues, and constraints drawn from the examples of Senegal and Benin. Ocean & coastal management, 156(Apr.): 92-106.

Neal W J, Pilkey O H, Cooper J A G, et al. 2018. Why coastal regulations fail. Ocean & Coastal Management, 156: 21-34.

Nepf H M. 1999. Drag, turbulence, and diffusion in flow through emergent vegetation. Water Resources Research, 35(2): 479-489.

Nienhuis J H, Ashton A D, Edmonds D A, et al. 2020. Global-scale human impact on delta morphology has led to net land area gain. Nature, 577(7791): 514-518.

Osorio-Cano J D, Osorio A F, Pelaez-Zapata D S. 2019. Ecosystem management tools to study natural habitats as wave damping structures and coastal protection mechanisms. Ecological Engineering, 130: 282-295.

Ota M, Koga T, Maeno K. 2005. Interferometric computed tomography measurement and novel expression method of discharged flow field with unsteady shock waves. Japanese Journal of Applied Physics Part 2-Letters & Express Letters, 44(42-45): 1293-1294.

Oumeraci H. 1994. Review and analysis of vertical breakwater failures — lessons learned. Coastal Engineering, 22(1-2): 3-29.

Pari Y, Murthy M V R, Kumar S J, et al. 2008. Morphological changes at Vellar estuary, India—Impact of the December 2004 tsunami. Journal of Environmental Management, 89(1): 45-57.

Parvathy K G, Bhaskaran P K. 2017. Wave attenuation in presence of mangroves: A sensitivity study for varying bottom slopes. The International Journal of Ocean and Climate Systems, 8(3): 126-134.

Paskoff R P. 2004. Potential implications of sea-level rise for France. Journal of Coastal Research, 20 (2): 424-434.

Penning E W, Pozzato L, Vijverberg T, et al. 2013. Effects of suspended sediments on food uptake for zebra mussels in lake markermeer. Inland waters, 3(4): 437-450.

Perkins M, Ng T, Dudgeon D, et al. 2015. Conserving intertidal habitats: What is the potential of ecological engineering to mitigate impacts of coastal structures? . Estuarine Coastal and Shelf Science, 167: 504-515.

Phan K L, Stive M, Zijlema M, et al. 2019. The effects of wave non-linearity on wave attenuation by vegetation. Coastal Engineering, 147: 63-74.

Qin C R, He J C. 1997. Application of one-line model to the prediction of shoreline   change. Acta Oceanologica Sinica, 16(3): 402-417.

Rangel-Buitrago N, Williams A, Anfuso G. 2018. Hard protection structures as a principal coastal erosion management strategy along the Caribbean coast of Colombia. A chronicle of pitfalls. Ocean & Coastal Management, 156: 58-75.

Reise K. 2003. More sand to the shorelines of the Wadden Sea harmonizing coastal defense with habitat dynamics. Marine science frontiersfor Europe. Springer, Berlin, Heidelberg, 203-216.

Riffe K C, Henderson S M, Mullarney J C. 2011. Wave dissipation by flexible vegetation. Geophysical Research Letters, 38(18): L18607.

Ripple W J, Wolf C, Newsome T M, et al. 2021. World scientists' warning of a climate emergency. BioScience, 71(9): 894-898.

Rupprecht F, Moeller I, Paul M, et al. 2017. Vegetation-wave interactions in salt marshes under storm surge conditions. Ecological Engineering, 100: 301-315.

Scheres B, Schüttrumpf H. 2019. Enhancing the ecological value of sea dikes. Water, 11(8): 1617.

Schulze D, Rupprecht F, Nolte S, et al. 2019. Seasonal and spatial within-marsh differences of biophysical plant properties: Implications for wave attenuation capacity of salt marshes. Aquatic Sciences, 81(4): 65.

Schwarz C, Bouma T J, Zhang L Q, et al. 2015. Interactions between plant traits and sediment characteristics influencing species establishment and scale-dependent feedbacks in salt marsh ecosystems. Geomorphology, 250: 298-307.

Shi B W, Yang S L, Wang Y P, et al. 2014. Intratidal erosion and deposition rates inferred from field observations of Hydrodynamic and sedimentary processes: A case study of a mudflat-saltmarsh transition at the Yangtze delta front. Continental Shelf Research, 90: 109-116.

Silliman B R, Schrack E, He Q, et al. 2015. Facilitation shifts paradigms and can amplify coastal restoration efforts. Proceedings of the National Academy of Sciences, 112(46): 14295-14300.

Sim V X Y, Dafforn K A, Simpson S L, et al. 2015. Sediment contaminants and infauna associated with recreational boating structures in a multi-use marine park. PLoS One, 10(6): e0130537.

Slinger J H, Vreugdenhil H S I. 2020. Coastal engineers embrace nature: Characterizing the metamorphosis in hydraulic engineering in terms of four continua. Water, 12(9): 2504.

Smee D L. 2019. Coastal ecology: Living shorelines reduce coastal erosion. Current Biology, 29(11): R411-R413.

Spalding M D, Ruffo S, Lacambra C, et al. 2014. The role of ecosystems in coastal protection: Adapting to climate change and coastal hazards. Ocean & Coastal Management, 90: 50-57.

Spearman J R , Dearnaley M P , Dennis J M . 1998. A simulation of estuary response to training wall construction using a regime approach. Coastal Engineering, 33(2–3): 71-89.

Stratigaki V, Manca E, Prinos P, et al. 2011. Large-scale experiments on wave propagation over Posidonia oceanica. Journal of Hydraulic Research, 49(sup1): 31-43.

Sumer B M, Whitehouse R J S, Torum A. 2001. Scour around coastal structures: A summary of recent research. Coastal Engineering, 44(2): 153-190.

Sutton-Grier A E, Gittman R K, Arkema K K, et al. 2018. Investing in natural and nature-based infrastructure: Building better along our coasts. Sustainability, 10(2): 523.

Sutton-Grier A E, Wowk K, Bamford H. 2015. Future of our coasts: The potential for natural and hybridinfrastructure to enhance the resilience of our coastal communities, economies and ecosystems. Environmental Science & Policy, 51: 137-148.

Syvitski J P M, Milliman J D. 2007. Geology, geography, and humans battle for dominance over the delivery of fluvial sediment to the coastal ocean. Journal of Geology, 115(1): 1-19.

Syvitski J P M, Voeroesmarty C J, Kettner A J, et al. 2005. Impact of humans on the flux of terrestrial sediment to the global coastal ocean. Science, 308(5720): 376-380.

Takagi H, Fujii D, Kurobe S, et al. 2018. Effectiveness and limitation of coastal dykes in Jakarta: The need for prioritizing actions against land subsidence and adaptive coastal protection// Institut Teknologi Bandung (ITB). Conference: Symposium of strategic research on global mitigation and local adaptation to climate change. Institut Teknologi Bandung (ITB), Bandung, Indonesia.

Talmage S C, Gobler C J. 2011. Effects of elevated temperature and carbon-dioxide on the growth and survival of larvae and juveniles of three species of northwest Atlanticbivalves. PLoS One, 6(10): e26941.

Technical Advisory Committee for Flood Defence (TAW). 1999. Grass Cover as a Dike Revetment.

Delft: TAW.

Temmerman S, De Vries M B, Bouma T J. 2012. Coastal marsh die-off and reduced attenuation of coastal floods: A model analysis. Global and Planetary hange, 92-93: 267-274.

Temmerman S, Meire P, Bouma T J, et al. 2013. Ecosystem-based coastal defence in the face of global change. Nature, 504(7478): 79-83.

Thampanya U, Vermaat J E, Terrados J. 2002. The effect of increasing sediment accretion on the seedlings of three common Thai mangrove species. Aquatic Botany, 74(4): 315-325.

Thieler E R, Himmelstoss E A, Zichichi J L, et al. 2009. The Digital Shoreline Analysis System (DSAS) Version 4.0-An ArcGIS extension for calculating shoreline change . Reston, VA: U.S. Geological Survey.

Tonelli M, Fagherazzi S, Petti M. 2010. Modeling wave impact on salt marsh boundaries. Journal of Geophysical Research, 115: C09028.

Tonneijck F, Winterwerp H, van Wesenbeeck B, et al. 2015. Design and engineering plan//Building with nature indonesia – securing eroding delta coastlines. https: //www.wetlands.org/ publications/building-with-nature-indonesia-design-and-engineering-plan/.[2022-8-3].

U. S. Army Corps of Engineers (USACE). 2014. Guidelines for Landscape Planting and Vegetation Management at Levees, Floodwalls, Embankment Dams, and Appurtenant Structures; Technical Letter No. ETL 1120-2-583. Washington: USACE.

Van Coppenolle R, Temmerman S. 2019. A global exploration of tidal wetland creation for nature-based flood risk mitigation in coastal cities. Estuarine Coastal and Shelf Science, 226: 106262.

van de ven G P. 2004. Man-made Lowlands: history of water management and land reclamation in the Netherlands. International commion on irrigation and drainage (4th ed.). Utrecht: Uitgeverij Matrijs.

Van der Stocken T, Dustin C, Dimitris M, et al. 2019. Global-scale dispersal and connectivity in mangroves. Proceedings of the National Academy of Sciences of the United States of America, 116(3): 915-922.

van Loon-Steensma J M, Schelfhout H A. 2017. Wide green dikes: A sustainable adaptation option with benefits for both nature and landscape values?. Land Use Policy, 63: 528-538.

van Loon-Steensma J M, Schelfhout H A, Vellinga P. 2014. Green adaptation by innovative dike concepts along the Dutch Wadden Sea coast. Environmental Science & Policy, 44: 108-125.

van Rooijen A A, McCall R T, de Vries J S M V, et al. 2016. Modeling the effect of wave-vegetation interaction on wave setup. Journal of Geophysical Research-Oceans, 121(6): 4341-4359.

van Slobbe E, de Vriend H J, Aarninkhof S, et al. 2013. Building with nature: in search of resilient storm surgeprotection strategies. Natural hazards, 65(1): 947-966.

van Wesenbeeck B K, Mulder J P M, Marchand M, et al. 2014. Damming deltas: a practice of the past? Towards nature-based flood defences. Estuarine, Coastal and Shelf Science, 140: 1-6.

Vuik V, Borsje B W, Willemsen P W J M, et al. 2019. Salt marshes for flood risk reduction: Quantifying long-term effectiveness and life-cycle costs. Ocean & Coastal Management, 171: 96-110.

Vuik V, Heo H Y S, Zhu Z, et al. 2018. Stem breakage of salt marsh vegetation under wave forcing: A field and model study. Estuarine Coastal and Shelf Science, 200: 41-58.

Wamsley T V, Cial one M A, Smith J M, et al. 2010. The potential of wetlands in reducing stormsurge. Ocean Engineering, 37(1): 59-68.

Waterman R E. 2008. Integrated Coastal Policy via Building with Nature. Hague: Opmeer Drukkerij bv.

Wei W, Dai Z J, Mei X F, et al. 2019. Multi‐decadal morpho‐sedimentary dynamics of the largest Changjiang estuarine marginal shoal: Causes and implications. Land Degradation & Development, 30(17): 2048-2063.

Wei W, Tang Z H, Dai Z J, et al. 2015. Variations in tidal flats of the Changjiang (Yangtze) estuary during 1950s–2010s: Future crisis and policy implication. Ocean & Coastal Management, 108: 89-96.

Whitehouse R J S, Bassoullet P, Dyer K R, et al. 2000. The influence of bedforms on flow and sediment transport over intertidal mudflats. Continental Shelf Research, 20(10): 1099-1124.

Whitehouse R J S, Mitchener H J. 1998. Observations of the morphodynamic behaviour of an intertidal mudflat at different timescales. Geological Society, London, Special Publications, 139(1): 255-271.

Whiteman H. 2019. Staten Island seawall: Designing for climate change. https: //www.alipac.us/f19/ staten-island-seawall-designing-climate-change-%24615-million-375290/.[2019-07-14].

Willemsen P W J M, Borsje B W, Vuik V, et al. 2020. Field-based decadal wave attenuating capacity of combined tidal flats and salt marshes. Coastal Engineering, 156: 103628.

Winterwerp H, Wilms T, Siri H Y, et al. 2016. Building with nature: Sustainable protection of mangrove coasts. Terra et Aqua, 144: 5-12.

Wolters M, Garbutt A, Bekker R M, et al. 2008. Restoration of salt-marsh vegetation in relation to site suitability, species pool and dispersal traits. Journal of Applied Ecology, 45(3): 904-912.

Woodruff J D, Irish J L, Camargo S J. 2013. Coastal flooding by tropical., cyclones and sea-level rise. Nature, 504: 44-52.

Wu W C, Daniel T C. 2015. Effects of wave steepness and relative water depth on wave attenuation by emergent vegetation. Estuarine Coastal and Shelf Science, 164: 443-450.

Wu W C, Ma G, Cox D T. 2016. Modeling wave attenuation induced by the vertical density variations of vegetation. Coastal Engineering, 112: 17-27.

Xiong L, De Visser R. 2018. Marker Wadden, the Netherlands: a building-with-nature exploration. Landscape Architecture Frontiers, 6(3): 58-75.

Yang S L. 1998. The role of scirpus marsh in attenuation of Hydrodynamics and retention of fine sediment in the Yangtze Estuary. Estuarine, Coastal and Shelf Science, 47(2): 227-233.

Yang S L. 1999. Tidal wetland sedimentation in the Yangtze Delta. Journal of Coastal Research, 15(4): 1091-1099.

Yang S L, Li H, Ysebaert T, et al. 2008. Spatial and temporal variations in sediment grain size in tidal wetlands, Yangtze Delta: On the role of physical and biotic controls. Estuarine Coastal and Shelf Science, 77(4): 657-671.

Yang S L, Milliman J D, Li P, et al. 2011. 50, 000 dams later: Erosion of the Yangtze River and its delta. Global & Planetary Change, 75(1-2): 14-20.

Yang S L, Zhang J, Xu X J. 2007. Influence of the Three Gorges Dam on downstream delivery of sediment and its environmental implications, Yangtze River. Geophysical Research Letters, 34(10): L10401.

Yang Z, Tang J, Shen Y. 2018. Numerical study for vegetation effects on coastal wave propagation by using nonlinear Boussinesq model. Applied Ocean Research, 70: 32-40.

Ysebaert T, Yang S L, Zhang L, et al. 2011. Wave attenuation by two contrasting ecosystem engineering salt marsh macrophytes in the intertidal pioneer zone. Wetlands, 31(6): 1043-1054.

Yu S W, Zhu K J, Diao F Q. 2008. A dynamic all parameters adaptive BP neural networks model and its application on oil reservoir prediction. Applied Mathematics and Computation, 195(1): 66-75.

Zhang K, Liu H, Li Y, et al. 2012. The role of mangroves in attenuating storm surges. Estuarine Coastal & Shelf Science, 102-103: 11-23.

Zhang M L, Zhao K B, Sun Z, et al. 2017. Wave propagation and transformation in flexible vegetated water based on the wave energy balance equation. Journal of Basic Science and Engineering, 25(03): 467-478.

Zhang R, Chen L H, Liu S S, et al. 2019. Shoreline evolution in an embayed beach adjacent to tidal inlet: The impact of anthropogenic activities. Geomorphology, 346: 106856.

Zhang W, Ge Z M, Li S H, et al. 2022. The role of seasonal vegetation properties in determining the wave attenuation capacity of coastal marshes: Implications for building natural defenses. Ecological Engineering, 175: 106494.